기적의
수학
문장제

8권

초등 4학년

길벗스쿨

기 적 의 수 학 문 장 제 ⑧ 권

초판 1쇄 발행 · 2018년 12월 15일
개정 1쇄 발행 · 2024년 11월 15일

지은이 · 김은영
발행인 · 이종원
발행처 · 길벗스쿨
출판사 등록일 · 2006년 7월 1일
주소 · 서울시 마포구 월드컵로 10길 56 (서교동)
대표 전화 · 02)332-0931 | **팩스** · 02)333-5409
홈페이지 · school.gilbut.co.kr | **이메일** · gilbut@gilbut.co.kr

기획 · 김미숙(winnerms@gilbut.co.kr) | **편집진행** · 이지훈
영업마케팅 · 문세연, 박선경, 박다슬 | **웹마케팅** · 박달님, 이재윤, 이지수, 나혜연
영업관리 · 김명자, 정경화 | **독자지원** · 윤정아
제작 · 이준호, 손일순, 이진혁

디자인 · ㈜더다츠 | **표지 일러스트** · 우나리 | **본문 일러스트** · 유재영, 김태형
전산편집 · 보문미디어 | **CTP출력 및 인쇄** · 교보피앤비 | **제본** · 경문제책

ISBN 979-11-6406-821-0 64410
(길벗스쿨 도서번호 11014)
정가 12,000원

독자의 1초를 아껴주는 정성 길벗출판사
길벗스쿨 | 국어학습서, 수학학습서, 유아학습서, 어학학습서, 어린이교양서, 교과서
　길벗 | IT실용서, IT/일반 수험서, IT전문서, 어학단행본, 어학수험서, 경제실용서, 취미실용서, 건강실용서, 자녀교육서
더퀘스트 | 인문교양서, 비즈니스서

고대 이집트인들은 나일 강변에서 농사를 지으며 살았습니다. 나일강 유역은 땅이 비옥하여 농사가 잘 되었거든요. 그러나 잦은 홍수로 나일강이 흘러넘치기 일쑤였고, 홍수 후 농경지의 경계가 없어져 버려 본래 자신의 땅이 어디였는지 구분하기 힘들었어요. 사람들은 저마다 자신의 땅이라고 우기면서 다투었습니다. 그때, 사람들은 생각했어요.
"내 땅의 크기를 정확히 알 수 있다면, 홍수 후에도 같은 크기의 땅에 농사를 지으면 되겠구나."
이때부터 사람들은 땅의 크기를 재고, 넓이를 계산하기 시작했답니다.

"아휴! 수학을 왜 배우는지 모르겠어요. 어렵고 지겨운 수학을 배워 어디에 써요?"
학년이 올라갈수록 많은 학생들이 이렇게 묻습니다.
만일 고대 이집트인들이 들었다면 이런 대답을 했을 거예요.
"이집트 문명의 발전은 수학이 만들어낸 것이다."

우리 생활에서 일어나는 이런저런 일들은 문제가 일어난 상황을 이해하고 판단하여 해결해야 하는 과정이에요. 이 과정에서 반드시 필요한 능력이 수학적으로 생각하는 힘이고요. 즉, 수 계산이 수학의 전부가 아니라 **수학적으로 생각하기**가 진짜 수학이라는 것이죠.
어떤 문제가 생겼을 때 그것을 해결하기 위해 필요한 것이 무엇인지 판단하고, 논리적으로 조합하여 써 내려가는 모든 과정이 수학이랍니다. 그래서 수학은 생활에 꼭 필요하고, 우리가 수학적으로 생각하는 능력을 갖추면 어떤 문제든지 잘 해결할 수 있게 되지요.

기적의 수학 문장제는 여러분이 주어진 문제를 이해하고 판단하여 해결하는 과정을 훈련하는 교재입니다. 이 책으로 차근차근 기초를 다지다 보면 수학과 전혀 관련 없어 보이는 생활 속 문제들도 수학적으로 생각하여 해결할 수 있다는 것을 알게 될 거예요. 그러면 수학이 재미없지도 지겹지도 않고 오히려 퍼즐처럼 재미있게 느껴진답니다.
모쪼록 여러분이 수학과 친해지는 데 기적의 수학 문장제가 마중물이 될 수 있기를 바랍니다.

김은영

수학 문장제 어떻게 공부할까?

지금은 수학 문장제가 필요한 시대

로봇, 인공지능과 같은 기술이 발전하면서 4차 산업혁명 시대가 열렸습니다. 이에 발맞추어 교육도 변화하고 있습니다. 새 교육과정을 살펴보면 성장 · 과정 중심, 스토리텔링 교육, 코딩 교육, 서술형 평가 확대 등 창의력과 문제해결력을 기르는 방향으로 바뀌고 있습니다. 이제는 지식을 많이 아는 것보다 아는 지식을 새롭게 창조하는 능력이 무엇보다 중요한 때입니다.

논리적으로 사고하여 문제를 해결하는 수학 과목의 특성상 문제를 다양하게 바라보고 해결 방법을 찾는 과정에서 창의력과 문제해결력을 계발할 수 있습니다. 특히 수학 문장제는 실생활과 관련된 수학적 상황을 인지하고, 해결하는 과정을 통해 문제해결력을 키우기에 아주 효과적입니다.

하지만 수학 문장제를 싫어하는 아이들

요즘 아이들은 문자보다 그림과 영상에 익숙합니다. 그러다 보니 읽을 것이 많은 수학 문장제에 겁을 내거나 조금 해보려고 애쓰다 포기해 버리는 경우가 많습니다. 아래는 수학 문장제를 공부할 때 흔히 겪는 여러 가지 어려움들을 나열한 것입니다.

문장제만 보면 읽지도 않고 무조건 별표! 혼자서는 풀 생각도 안 해요.

우리 아이는 풀이 쓰는 것을 싫어해요. 답만 쓰고 풀이 과정은 말로 설명하려고 해요.

문장제만 보면 저를 불러요. 문제가 무슨 말인지 모르겠대요. 문제를 읽어 주면 또 묻죠. "그래서 더해? 빼?" 아이가 문제를 푸는 건지, 제가 푸는 건지 모르겠어요.

우리 아이가 쓴 풀이는 알아볼 수가 없어요. 자기도 한참을 찾아야 해요.

우리 아이는 긴 문제는 읽지도 않으려고 해요.

계산하는 과정 쓰는 것을 싫어해서 암산으로 하다 자꾸 틀려요.

저희 아이도 식은 제가 세워 주고, 아이는 계산만 하려고 해요.

우리 애는 중간까지는 푸는데 끝까지 못 풀어요. 왜 마무리가 안 되는지 모르겠어요.

문제를 읽어도 뭘 구해야 하는지 몰라요.

연산기호 안 쓰는 건 기본이고 등호는 여기저기 막 써서 식이 오류투성이에요.

알긴 아는데 머릿속의 생각을 어떻게 써야 하는지 모르겠대요.

수학 문장제 학습의 가장 큰 고민은 갖가지 문제점들이 복합적으로 얽혀 있어 어디서부터 손을 대야 할지 막막하다는 것입니다. 하지만 대부분의 문제는 크게 두 가지로 나누어 볼 수 있습니다. 바로 '읽기(문제이해)'가 안 되고, '쓰기(문제해결, 풀이)'가 안 되는 것이죠. 국어도 아니고 수학에서 읽기와 쓰기 때문에 곤경에 처하다니 어찌 된 일일까요? 그것은 수학적 읽기와 쓰기는 국어와 다르기 때문에 생긴 문제입니다.

어려움 1
문제읽기와 문제이해   "왜 책도 많이 읽는데 수학 문장제를 이해하지 못할까?"

수학 독해는 따로 있습니다.

문제를 잘 읽는다고 해서 수학 문장제를 잘 이해할 수 있는 것은 아닙니다.

'빵이 9개씩 8봉지 있을 때 빵의 개수를 구하는 문제'를 읽고 나서 '몇 개씩 몇 묶음'이 곱셈을 뜻하는 수학적 표현이라는 것을 모르면 문제를 해결할 수 없습니다. 또, 문장을 곱셈식으로 바꾸지 못하면 풀이 과정을 쓸 수도 없습니다.

이처럼 수학 문장제는 문제를 읽고, 문제 속에 숨겨진 수학적 표현, 용어, 개념을 찾아 해석하는 능력이 필요합니다. 또 문장을 식으로 나타내거나 반대로 주어진 식을 문장으로 읽는 능력도 필요합니다. 다양한 수학 문장제를 풀어 보면서 수학 독해력을 키워야 합니다.

어려움 2
문제해결과 풀이쓰기   "답은 구했는데 왜 풀이를 못 쓸까?"

쓸 수 있어야 진짜 아는 것입니다.

아이들이 써 놓은 식이나 풀이 과정을 살펴보면 연산기호나 등호 없이 숫자만 나열하여 알아보기 힘들거나, 풀이 과정을 말하듯이 써서 군더더기가 섞여 있는 경우가 많습니다. 숫자를 헷갈리게 써서 틀리는 경우, 두서없이 풀이를 쓰다가 중간에 한 단계를 빠뜨리는 경우, 앞서 계산한 값을 잘못 찾아 쓰는 경우 등 알고도 틀리는 실수들이 자주 일어납니다. 이는 식과 풀이를 논리적으로 쓰는 연습을 하지 않았기 때문입니다.

풀이를 쓰는 것은 머릿속에 있던 문제해결 과정을 꺼내어 눈앞에 펼치는 것입니다. 간단한 문제는 머릿속에서 바로 처리할 수 있지만, 복잡한 문제는 절차에 따라 차근차근 풀어서 써야 합니다. 이때 풀이를 쓰는 연습이 되어 있지 않으면 어디서부터 어디까지, 어떻게 풀이 과정을 써야 하는지 막막할 수밖에 없습니다.

덧셈식과 뺄셈식을 정확하게 쓰는 것은 물론, 수학 용어를 사용하여 간단명료하게 설명하기, 문제해결 전략 세우기에 따라 과정 쓰기 등 절차에 따라 풀이 과정을 논리적으로 쓰는 연습을 해야 합니다.

핵심어독해법으로 문제읽기 능력 강화

수학 문장제, 어떻게 읽어야 할까요? 다음 수학 문장제를 눈으로 읽어 보세요.

> 한 상자에 9개씩 담겨 있는 김치만두 3상자와 한 상자에 6개씩 담겨 있는 왕만두 4상자를 샀습니다. 산 만두는 모두 몇 개일까요?

똑같은 문제를 줄을 나누어 썼습니다. 다시 한번 소리 내어 읽어 보세요.

> 한 상자에 9개씩 담겨 있는 김치만두 3상자와
> 한 상자에 6개씩 담겨 있는 왕만두 4상자를 샀습니다.
> 산 만두는 모두 몇 개일까요?

➡️ 눈으로 읽는 것보다 줄을 나누어 소리 내어 읽는 것이 문제를 이해하기 쉽습니다.

똑같은 문제를 핵심어에 표시하며 다시 읽어 보세요.

> 한 상자에 ⑨개씩 담겨 있는 김치만두 ③상자와
> 한 상자에 ⑥개씩 담겨 있는 왕만두 ④상자를 샀습니다.
> 산 만두는 모두 몇 개일까요?

➡️ 중요한 부분에 표시하며 읽는 것이 문제를 이해하기 쉽습니다.

위 문제의 핵심어만 정리해 보세요.

> 김치만두 : 9개씩 3상자, 왕만두 : 6개씩 4상자
> 만두는 모두 몇 개?

➡️ 복잡한 정보들을 정리하면 문제가 한눈에 보입니다.

위와 같이 정보와 조건이 있는 수학 문제를 읽을 때에는
문장의 핵심어에 표시하고, 조건을 간단히 정리하면서 읽는 것이 좋습니다.

핵심어독해법

❶ 핵심어에 표시하며 문제를 읽습니다. ·········
   핵심어란? 구하는 것, 주어진 것이에요.

❷ 수학 독해를 합니다. ·········
   ▫ 핵심어(조건)를 간단히 정리하기
   ▫ 핵심어(수학 용어)의 뜻, 특징 등 써 보기
   ▫ 핵심어와 관련된 개념 떠올리기

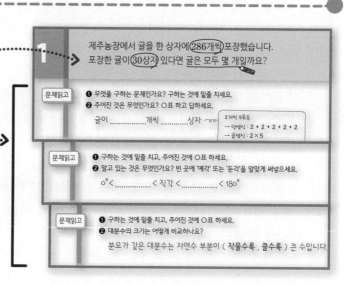

절차학습법으로 문제해결 능력 강화

수학 문장제, 어떤 절차에 따라 풀어야 할까요? 수학 문장제를 푸는 방법은 길을 찾는 과정과 같습니다.

길을 찾는 과정

1 우선 어디로 가려고 하는지 **목적지**를 알아야 합니다.
제주도로 가야 하는데 서울을 향해 출발하면 안 되겠죠?

2 출발하기 전 준비물, 주의사항 등을 살펴보며 **출발 준비**를 합니다.
동생과 함께 가야 하는데 혼자 출발하거나, 제주도까지 배를 타고
가야 하는데 비행기 표를 사면 안 되니까요.

3 목적지까지 가는 길(순서, 노선)을 확인하고, **목적지까지 갑니다**.
혹시라도 중간에 길을 잃어버리거나 길이 막혀 있다고 해서 멈추
면 안 돼요.

4 마지막으로 목적지에 맞게 왔는지 다시 한번 **확인**합니다.

수학 문장제 해결 과정

 문제에서 **구하는 것**이
무엇인지 알아봅니다.

2단계 문제에서 **주어진 것(조건)**이
무엇인지 알아봅니다.

 문제해결 **방법을 생각**한 다음
순서에 따라 **문제를 풉니다**.

 답이 맞는지 **검토**합니다.

위와 같이 4단계 문제해결 과정에 따라 수학 문장제를 푸는 훈련을 하면
문제해결력과 풀이쓰는 방법을 효과적으로 익힐 수 있습니다.

절차학습법

▶4단계 문제해결 과정

❶ 구하는 것을 아는 단계 ┄┄┄┄┄
❷ 주어진 것을 아는 단계 ┄┄┄┄┄

❸ 문제를 해결하는 단계 ┄┄┄┄┄
절차에 따라 문제를 해결하면서
식을 정확하게 쓰는 훈련을 합니다.

❹ 답을 검토하는 단계 ┄┄┄┄┄

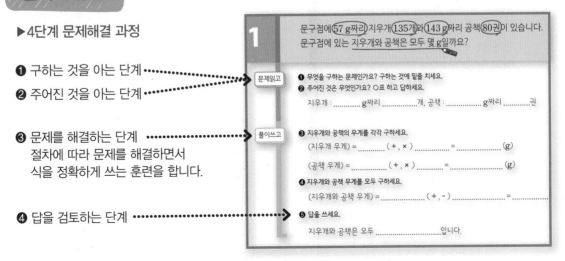

학습관리

학습계획을 세우고, 자기평가를 기록해요.

한 단원 학습에 들어가기 전 공부할 내용을 미리 확인하면서 공부계획을 세워 보세요.

매일 1일 학습, 일주일 3일 학습 등 나의 상황에 맞게, 공부할 양을 스스로 정하고 날짜를 기록합니다.

계획대로 잘 공부했는지 스스로 평가하는 것도 잊지 마세요.

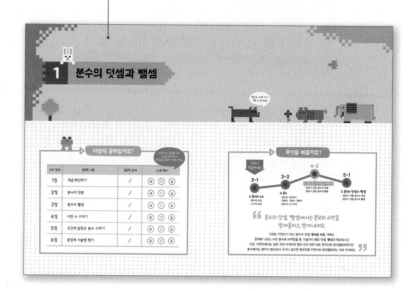

준비학습

기본 개념을 알고 있는지 확인해요.

이 단원의 문장제를 풀기 위해 꼭 알고 있어야 할 핵심 개념을 문제를 통해 확인해 보세요.

교과서와 익힘책에 나오는 가장 기본적인 문제들로 구성되어 있으므로 이 부분이 부족한 학생들은 해당 단원의 교과서와 익힘책을 더 공부하고 본 학습을 시작하는 것이 좋습니다.

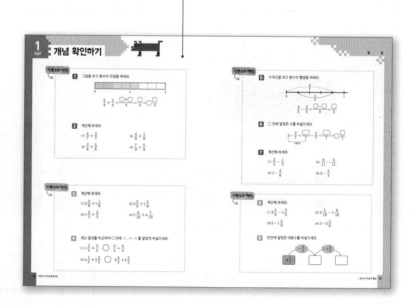

유형훈련

대표 유형을 집중 훈련해요.

같이 풀어요.

문제마다 핵심어에 밑줄을 긋고, 동그라미를 하면서 핵심어독해법을 자연스럽게 익혀 보세요.
또, 풀이에 제시된 순서대로 답을 하면서 절차학습법을 훈련해요.

혼자 풀어요.

앞에서 배운 동일 유형, 동일 난이도의 문제를 스스로 풀어 보세요. 주어진 과정에 따라 풀이를 쓰면서 문제 풀이 뿐 아니라 서술형 답안 작성에 대한 훈련도 동시에 해요.

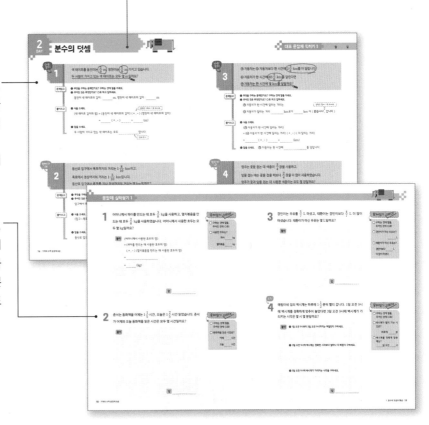

평가

잘 공부했는지 확인해요.

이 단원을 잘 공부했는지 성취도를 평가하며 마무리하는 단계예요.
학교에서 시험을 보는 것처럼 풀이 과정을 정확하게 쓰는 연습을 하면 좋습니다. 정답과 풀이에 있는 [채점 기준]과 비교하여 빠진 부분은 없는지 꼼꼼히 확인해 보세요.

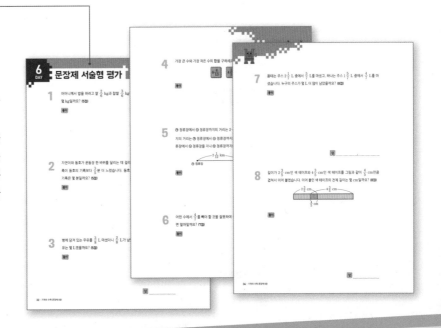

차례

1. 분수의 덧셈과 뺄셈 → 12

1DAY	개념 확인하기	14
2DAY	분수의 덧셈	16
3DAY	분수의 뺄셈	20
4DAY	어떤 수 구하기	24
5DAY	조건에 알맞은 분수 구하기	28
6DAY	문장제 서술형 평가	32
✚	쉬어가기	35

2. 삼각형 → 36

7DAY	개념 확인하기	38
8DAY	여러 가지 삼각형	40
9DAY	각도, 변의 길이 구하기	44
10DAY	문장제 서술형 평가	48
✚	쉬어가기	51

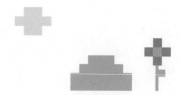

3. 소수의 덧셈과 뺄셈 → 52

11DAY	개념 확인하기	54
12DAY	소수 두 자리 수 / 소수 세 자리 수	56
13DAY	소수의 크기 비교	60
14DAY	소수의 덧셈	64
15DAY	소수의 뺄셈	68
16DAY	수 카드 문제	72
17DAY	문장제 서술형 평가	76
	쉬어가기	79

4. 사각형 → 80

18DAY	개념 확인하기	82
19DAY	수직과 평행	84
20DAY	여러 가지 사각형	88
21DAY	변의 길이, 각도 구하기	92
22DAY	문장제 서술형 평가	96
	쉬어가기	99

5. 다각형 → 100

23DAY	개념 확인하기	102
24DAY	변의 길이, 각도 구하기	104
25DAY	대각선	108
26DAY	문장제 서술형 평가	112
	쉬어가기	115

1 분수의 덧셈과 뺄셈

어떻게 공부할까요?

계획대로 공부했나요?
스스로 평가하여
알맞은 표정에 색칠하세요.

교재 날짜	공부할 내용	공부한 날짜	스스로 평가
1일	개념 확인하기	/	☺ ☺ ☹
2일	분수의 덧셈	/	☺ ☺ ☹
3일	분수의 뺄셈	/	☺ ☺ ☹
4일	어떤 수 구하기	/	☺ ☺ ☹
5일	조건에 알맞은 분수 구하기	/	☺ ☺ ☹
6일	문장제 서술형 평가	/	☺ ☺ ☹

분수도 더하거나
뺄 수 있어요!

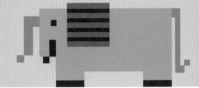

무엇을 배울까요?

교과서
학습연계도

3-1

6. 분수와 소수
· 분수의 도입
· 소수의 도입

3-2

4. 분수
· 분수로 나타내기
· 진분수, 가분수, 대분수
· 분수의 크기 비교

4-2

1. 분수의 덧셈과 뺄셈
· 분모가 같은 분수의 덧셈
· 분모가 같은 분수의 뺄셈

5-1

5. 분수의 덧셈과 뺄셈
· 분모가 다른 분수의 덧셈
· 분모가 다른 분수의 뺄셈

> 분수의 덧셈, 뺄셈에서는 분모의 수만큼
> 받아올리고, 받아내려요.

이제는 자연수가 아닌 분수의 덧셈, 뺄셈을 배울 거예요.
문제에 나오는 수만 분수로 바뀌었을 뿐, 지금까지 배운 덧셈, 뺄셈과 똑같답니다.
다만, 자연수에서는 같은 자리 수끼리의 합이 10이 되면 바로 윗자리로 받아올림하였지만
분수에서는 분자가 분모보다 크거나 같으면 분모만큼 자연수로 받아올림하는 것에 주의해요.

1 그림을 보고 분수의 덧셈을 하세요.

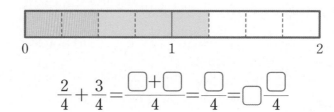

$$\frac{2}{4} + \frac{3}{4} = \frac{\boxed{}+\boxed{}}{4} = \frac{\boxed{}}{4} = \boxed{}\frac{\boxed{}}{4}$$

2 계산해 보세요.

(1) $\frac{4}{7} + \frac{2}{7}$　　　　(2) $\frac{4}{8} + \frac{1}{8}$

(3) $\frac{3}{6} + \frac{5}{6}$　　　　(4) $\frac{7}{9} + \frac{5}{9}$

대분수의 덧셈

3 계산해 보세요.

(1) $2\frac{3}{8} + 1\frac{1}{8}$　　　　(2) $3\frac{5}{9} + 1\frac{3}{9}$

(3) $1\frac{2}{3} + \frac{5}{3}$　　　　(4) $2\frac{6}{10} + 4\frac{7}{10}$

4 계산 결과를 비교하여 ○ 안에 >, =, <를 알맞게 써넣으세요.

(1) $1\frac{3}{4} + \frac{3}{4}$ ○ $\frac{5}{4} + \frac{6}{4}$

(2) $4\frac{1}{5} + 3\frac{2}{5}$ ○ $2\frac{4}{5} + 4\frac{3}{5}$

5 수직선을 보고 분수의 뺄셈을 하세요.

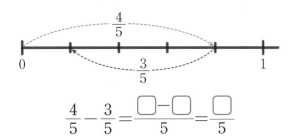

$$\frac{4}{5} - \frac{3}{5} = \frac{\boxed{} - \boxed{}}{5} = \frac{\boxed{}}{5}$$

6 □ 안에 알맞은 수를 써넣으세요.

$$3 - \frac{2}{7} = \frac{\boxed{}}{7} - \frac{2}{7} = \frac{\boxed{}}{7} = \boxed{}\frac{\boxed{}}{7}$$

가분수로

7 계산해 보세요.

(1) $\dfrac{2}{3} - \dfrac{1}{3}$ (2) $\dfrac{8}{11} - \dfrac{5}{11}$

(3) $1 - \dfrac{2}{6}$ (4) $2 - \dfrac{3}{4}$

8 계산해 보세요.

(1) $2\dfrac{4}{5} - 1\dfrac{3}{5}$ (2) $3\dfrac{5}{10} - 1\dfrac{8}{10}$

(3) $5 - 1\dfrac{4}{9}$ (4) $3 - 2\dfrac{3}{8}$

9 빈칸에 알맞은 대분수를 써넣으세요.

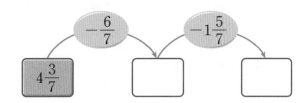

분수의 덧셈

대표문제

1

색 테이프를 동진이는 $\frac{2}{9}$ m, 영찬이는 $\frac{5}{9}$ m 가지고 있습니다.
두 사람이 가지고 있는 색 테이프는 모두 몇 m일까요?

문제읽고

❶ 무엇을 구하는 문제인가요? 구하는 것에 밑줄 치세요.
❷ 주어진 것은 무엇인가요? ○표 하고 답하세요.

동진이 색 테이프의 길이 : .... m, 영찬이 색 테이프의 길이 : .... m

풀이쓰고

❸ 식을 쓰세요.

> 알맞은 기호에 ○표 하세요.

(색 테이프 길이의 합) = (동진이 색 테이프의 길이) (+ , −) (영찬이 색 테이프의 길이)

$$= \underset{..............}{\quad\quad} (+ , -) \underset{..............}{\quad\quad} = \underset{..............}{\quad\quad} (m)$$

❹ 답을 쓰세요.

두 사람이 가지고 있는 색 테이프는 모두 .... 입니다.

> 단위 쓰기

한번더 OK

2

등산로 입구에서 폭포까지의 거리는 $1\frac{8}{10}$ km이고,

폭포에서 정상까지의 거리는 $1\frac{3}{10}$ km입니다.

등산로 입구에서 폭포를 지나 정상까지의 거리는 몇 km일까요?

문제읽고

❶ 무엇을 구하는 문제인가요? 구하는 것에 밑줄 치세요.
❷ 주어진 것은 무엇인가요? ○표 하고 답하세요.

입구에서 폭포까지의 거리 : .... km, 폭포에서 정상까지의 거리 : .... km

풀이쓰고

❸ 식을 쓰세요.

(입구~폭포~정상의 거리) = (입구~폭포의 거리) (+ , −) (폭포~정상의 거리)

$$= \underset{..............}{\quad\quad} (+ , -) \underset{..............}{\quad\quad} = \underset{..............}{\quad\quad} (km)$$

❹ 답을 쓰세요.

등산로 입구에서 폭포를 지나 정상까지의 거리는 .... 입니다.

대표
문제

3

㉮ 자동차는 ㉯ 자동차보다 한 시간에 $2\frac{3}{6}$ km를 더 달립니다.

㉯ 자동차가 한 시간에 $65\frac{2}{6}$ km를 달린다면

㉮ 자동차는 한 시간에 몇 km를 달릴까요?

문제읽고

❶ 무엇을 구하는 문제인가요? 구하는 것에 밑줄 치세요.

❷ 주어진 것은 무엇인가요? ○표 하고 답하세요.

㉮ 자동차가 한 시간에 달리는 거리는

알맞은 말에 ○표 하세요.

㉯ 자동차가 달리는 거리 .... km보다 .... km 더 (**짧습니다** , **깁니다**).

풀이쓰고

❸ 식을 쓰세요.

(㉮ 자동차가 한 시간에 달리는 거리)

= (㉯ 자동차가 한 시간에 달리는 거리) (+ , -) (더 달리는 거리)

= .... (+ , -) .... = ... (km)

❹ 답을 쓰세요.   ㉮ 자동차는 한 시간에 .... 를 달립니다.

한단계
UP

4

영주는 꽃을 접는 데 색종이 $\frac{3}{4}$ 장을 사용하고,

잎을 접는 데는 꽃을 접을 때보다 $\frac{2}{4}$ 장을 더 많이 사용하였습니다.

영주가 꽃과 잎을 접는 데 사용한 색종이는 모두 몇 장일까요?

문제읽고

❶ 무엇을 구하는 문제인가요? 구하는 것에 밑줄 치세요.

❷ 주어진 것은 무엇인가요? ○표 하고 답하세요.

잎을 접는 데 사용한 색종이는

꽃을 접는 데 사용한 색종이 .... 장보다 .... 장 더 (**적습니다** , **많습니다**).

풀이쓰고

❸ 잎을 접는 데 사용한 색종이의 수를 구하세요.

(잎을 접는 데 사용한 색종이의 수) = ... (+ , -) .... = ... (장)

❹ 꽃과 잎을 접는 데 사용한 색종이의 수를 구하세요.

(꽃과 잎을 접는 데 사용한 색종이의 수) = ... (+ , -) .... = ... (장)

❺ 답을 쓰세요.   꽃과 잎을 접는 데 사용한 색종이는 모두 .... 입니다.

1 어머니께서 파이를 만드는 데 호두 $\frac{3}{8}$ kg을 사용하고, 멸치볶음을 만드는 데 호두 $\frac{2}{8}$ kg을 사용하였습니다. 어머니께서 사용한 호두는 모두 몇 kg일까요?

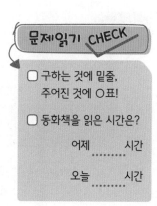

문제읽기 CHECK

☐ 구하는 것에 밑줄, 주어진 것에 ○표!

☐ 사용한 호두는?

파이 ⋯⋯⋯ kg

멸치볶음 ⋯⋯⋯ kg

풀이 (어머니께서 사용한 호두의 양)

= (파이를 만드는 데 사용한 호두의 양)

(+ , −) (멸치볶음을 만드는 데 사용한 호두의 양)

= ⋯⋯⋯⋯⋯⋯⋯⋯⋯⋯⋯⋯⋯⋯⋯

= ⋯⋯⋯ (kg)

답 ⋯⋯⋯⋯⋯⋯⋯⋯⋯⋯⋯

2 준서는 동화책을 어제는 $1\frac{1}{5}$ 시간, 오늘은 $1\frac{2}{5}$ 시간 읽었습니다. 준서가 어제와 오늘 동화책을 읽은 시간은 모두 몇 시간일까요?

문제읽기 CHECK

☐ 구하는 것에 밑줄, 주어진 것에 ○표!

☐ 동화책을 읽은 시간은?

어제 ⋯⋯⋯ 시간

오늘 ⋯⋯⋯ 시간

풀이

답 ⋯⋯⋯⋯⋯⋯⋯⋯⋯⋯⋯

3 경민이는 우유를 $\frac{5}{7}$ L 마셨고, 태환이는 경민이보다 $\frac{4}{7}$ L 더 많이 마셨습니다. 태환이가 마신 우유는 몇 L일까요?

 풀이

답 ....

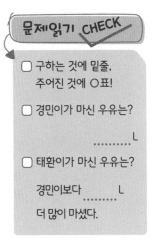

문제읽기 CHECK ✓

☐ 구하는 것에 밑줄,
 주어진 것에 ○표!

☐ 경민이가 마신 우유는?

 L

☐ 태환이가 마신 우유는?

 경민이보다 L
 더 많이 마셨다.

4 예림이네 집의 벽시계는 하루에 $1\frac{1}{2}$ 분씩 빨리 갑니다. 1일 오전 9시에 벽시계를 정확하게 맞추어 놓았다면 3일 오전 9시에 벽시계가 가리키는 시각은 몇 시 몇 분일까요?

 풀이 ❶ 1일 오전 9시부터 3일 오전 9시까지는 며칠인지 구하세요.

❷ 3일 오전 9시에 벽시계는 정확한 시각보다 얼마나 더 빠른지 구하세요.

❸ 3일 오전 9시에 벽시계가 가리키는 시각을 구하세요.

답 ....

문제읽기 CHECK ✓

☐ 구하는 것에 밑줄,
 주어진 것에 ○표!

☐ 벽시계가 빨리 가는 시
 간은?

 하루에 ..... 분

☐ 벽시계를 정확하게 맞춘
 때는?

 ..... 일 오전 ..... 시

분수의 뺄셈

대표문제

1

양동이에 물이 $\frac{8}{10}$ L 들어 있었습니다.

그중에서 $\frac{5}{10}$ L의 물을 사용했다면

양동이에 남아 있는 물은 몇 L일까요?

문제읽고

❶ 무엇을 구하는 문제인가요? 구하는 것에 밑줄 치세요.

❷ 주어진 것은 무엇인가요? ○표 하고 답하세요.

양동이에 들어 있던 물 : .... L, 사용한 물 : L

풀이쓰고

❸ 식을 쓰세요.

(남아 있는 물의 양) = (들어 있던 물의 양) (+ , −) (사용한 물의 양)

= .... (+ , −) .... = ... (L)

❹ 답을 쓰세요.

양동이에 남아 있는 물은 .... 입니다.

한번 더 OK

2

은수가 가지고 있는 막대의 길이는 3 m이고,

정태가 가지고 있는 막대의 길이는 $1\frac{7}{9}$ m입니다.

누가 가지고 있는 막대가 몇 m 더 길까요?

문제읽고

❶ 무엇을 구하는 문제인가요? 구하는 것에 밑줄 치세요.

❷ 주어진 것은 무엇인가요? ○표 하고 답하세요.

은수의 막대 : .... m, 정태의 막대 : .... m

풀이쓰고

❸ 누구의 막대가 더 긴지 구하세요.

크기를 비교하여 >, <로 나타내자.

3 ◯ $1\frac{7}{9}$이므로 (은수 , **정태**)의 막대가 더 깁니다.

❹ 긴 막대가 짧은 막대보다 몇 m 더 긴지 구하세요.

(막대 길이의 차) = ... − .... = ... (m)

❺ 답을 쓰세요.

.... 가 가지고 있는 막대가 .... 더 깁니다.

대표문제 3

한별이가 주운 밤은 승미가 주운 밤보다 $1\frac{2}{8}$ kg 더 적습니다.
승미가 주운 밤이 $4\frac{1}{8}$ kg이라면 한별이가 주운 밤은 몇 kg일까요?

문제읽고

❶ 무엇을 구하는 문제인가요? 구하는 것에 밑줄 치세요.
❷ 주어진 것은 무엇인가요? ○표 하고 답하세요.

　한별이가 주운 밤은

　승미가 주운 밤 _____ kg보다 _____ kg 더 (적습니다 , 많습니다).

풀이쓰고

❸ 식을 쓰세요.

　(한별이가 주운 밤의 무게) = (승미가 주운 밤의 무게) (+ , -) (더 적게 주운 밤의 무게)

　　　　　= _____ (+ , -) _____ = _____ (kg)

❹ 답을 쓰세요. 　한별이가 주운 밤은 _____ 입니다.

한단계 UP 4

시헌이는 국어를 $1\frac{4}{6}$ 시간 동안 공부하고,
수학을 국어보다 $\frac{3}{6}$ 시간 더 짧게 공부했습니다.
시헌이가 국어와 수학을 공부한 시간은 모두 몇 시간일까요?

문제읽고

❶ 무엇을 구하는 문제인가요? 구하는 것에 밑줄 치세요.
❷ 주어진 것은 무엇인가요? ○표 하고 답하세요.

　수학을 공부한 시간은

　국어를 공부한 _____ 시간보다 _____ 시간 더 (짧습니다 , 깁니다).

풀이쓰고

❸ 수학을 공부한 시간을 구하세요.

　(수학을 공부한 시간) = _____ (+ , -) _____ = _____ (시간)

❹ 국어와 수학을 공부한 시간을 구하세요.

　(국어와 수학을 공부한 시간) = (국어를 공부한 시간) (+ , -) (수학을 공부한 시간)

　　　　　= _____ (+ , -) _____ = _____ (시간)

❺ 답을 쓰세요. 　국어와 수학을 공부한 시간은 모두 _____ 입니다.

1 부침개를 만드는 데 밀가루를 $3\frac{1}{6}$ 컵 넣었습니다. 찹쌀가루를 밀가루보다 $\frac{3}{6}$ 컵 더 적게 넣으려면 찹쌀가루를 몇 컵 넣어야 할까요?

풀이 (찹쌀가루의 양) = (밀가루의 양) (+ , -) (더 적게 넣는 양)

= ....

= .... (컵)

답 ....

2 은혜와 윤수가 운동장을 한 바퀴씩 달렸습니다. 운동장 한 바퀴를 도는 데 은혜는 $4\frac{3}{4}$ 분, 윤수는 $4\frac{1}{4}$ 분 걸렸습니다. 누가 몇 분 더 빨리 달렸을까요?

풀이 ❶ 누가 더 빨리 달렸는지 구하세요.

❷ 몇 분 더 빨리 달렸는지 구하세요.

답 .... , ...

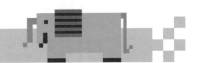

3 분식집에서 $2\frac{5}{10}$ L짜리 식용유를 새로 꺼내서 어제 $\frac{7}{10}$ L를 사용하고, 오늘 $\frac{9}{10}$ L를 사용하였습니다. 남은 식용유는 몇 L일까요?

문제읽기 CHECK

☐ 구하는 것에 밑줄, 주어진 것에 ○표!

☐ 새로 꺼낸 식용유는?
.... L

☐ 사용한 식용유는?
어제 L
오늘 L

풀이 ❶ 어제와 오늘 사용한 식용유의 양을 구하세요.

❷ 남은 식용유의 양을 구하세요.

답 ....

4 빵 한 개를 만드는 데 밀가루가 $1\frac{2}{5}$ kg 필요합니다. 밀가루 5 kg으로 만들 수 있는 빵은 몇 개이고, 남는 밀가루는 몇 kg일까요?

문제읽기 CHECK

☐ 구하는 것에 밑줄, 주어진 것에 ○표!

☐ 처음에 있던 밀가루는?
.... kg

☐ 빵 한 개를 만드는 데 필요한 밀가루는?
.... kg

풀이 ❶ 만들 수 있는 빵의 수를 구하세요.

❷ 남는 밀가루의 양을 구하세요.

답 .... , ...

어떤 수 구하기

1

연정이는 선물을 포장하는 데 테이프를 $1\frac{4}{5}$ m 사용하였습니다.

남은 테이프가 $4\frac{2}{5}$ m라면

연정이가 처음에 가지고 있던 테이프는 몇 m였을까요?

문제읽고

❶ 구하는 것에 밑줄 치고, 주어진 것에 ○표 하세요.

풀이쓰고

❷ 처음에 가지고 있던 테이프의 길이를 ☐ m라고 하여 식을 만들고, ☐를 구하세요.

처음에 가지고 있던 테이프에서 $1\frac{4}{5}$ m를 사용했더니 $4\frac{2}{5}$ m가 남았습니다.
$\underline{\qquad\qquad}$ $-1\frac{4}{5}$ $=4\frac{2}{5}$
☐

➡ 식   ☐ - .... = ...

➡ 계산   ☐ = ... (+ , -) .... = ...

❸ 답을 쓰세요.

연정이가 처음에 가지고 있던 테이프는 .... 였습니다.

2

승균이는 방학 때 몸무게가 $2\frac{1}{4}$ kg 늘어 34 kg이 되었습니다.

방학 전 승균이의 몸무게는 몇 kg이었을까요?

문제읽고

❶ 구하는 것에 밑줄 치고, 주어진 것에 ○표 하세요.

풀이쓰고

❷ 방학 전 몸무게를 ☐ kg이라고 하여 식을 만들고, ☐를 구하세요.

방학 전 몸무게에서 .... kg 늘어 .... kg이 되었습니다.

➡ 식   ☐ + ... = ...

➡ 계산   ☐ = ... (+ , -) .... = ...

❸ 답을 쓰세요.

방학 전 승균이의 몸무게는 .... 이었습니다.

대표
문제

3

어떤 수에 2$\frac{5}{6}$를 더했더니 4$\frac{1}{6}$이 되었습니다.
어떤 수는 얼마일까요?

문제읽고

❶ 구하는 것에 밑줄 치고, 주어진 것에 ○표 하세요.

풀이쓰고

❷ 어떤 수를 ☐라고 하여 식을 만들고, 어떤 수 ☐를 구하세요.

어떤 수에 2$\frac{5}{6}$를 더했더니 4$\frac{1}{6}$이 되었습니다.
　☐　　　　+ 2$\frac{5}{6}$　　　= 4$\frac{1}{6}$

➡ 식　☐ + ... = ...

➡ 계산　☐ = ... (+ , -) .... = ...

❸ 답을 쓰세요.

어떤 수는 .... 입니다.

한단계
UP

4

어떤 수에 1$\frac{7}{8}$을 더해야 할 것을 잘못하여 뺐더니 3$\frac{2}{8}$가 되었습니다.
바르게 계산하면 얼마일까요?

문제읽고

❶ 구하는 것에 밑줄 치고, 주어진 것에 ○표 하세요.

풀이쓰고

❷ 어떤 수를 ☐라고 하여 잘못 계산한 식을 만들고, 어떤 수 ☐를 구하세요.

어떤 수에서 .... 을 뺐더니 .... 가 되었습니다.

➡ 식　☐ - .... = ...

➡ 계산　☐ = ... = ...
　　　　　　　　　　　　　　└─ 어떤 수

❸ 바르게 계산하세요.

어떤 수에 1$\frac{7}{8}$을 (**더합니다** , **뺍니다**).

➡ 계산　............ = ...

❹ 답을 쓰세요.

바르게 계산하면 .... 입니다.

1 어머니께서 장바구니에 돼지고기 $3\frac{5}{7}$ kg을 넣었더니 장바구니의 무게가 $5\frac{2}{7}$ kg이 되었습니다. 돼지고기를 넣기 전 장바구니의 무게는 몇 kg이었을까요?

문제읽기 CHECK

☐ 구하는 것에 밑줄, 주어진 것에 ○표!

☐ 돼지고기의 무게는?
　　　　　　　　　 kg

☐ 돼지고기를 넣은 후 장바구니의 무게는?
　　　　　　　　　 kg

풀이 돼지고기를 넣기 전 장바구니의 무게를 ☐ kg이라고 하면

$$☐\ (\ +\ ,\ -\ )\ 3\frac{5}{7}=5\frac{2}{7}$$

☐를 구하면

$$☐ = \underline{\hspace{5cm}} = \underline{\hspace{2cm}}$$

따라서 돼지고기를 넣기 전 장바구니의 무게는 　　　　 kg입니다.

답

---

2 물통에 들어 있던 물 중에서 $\frac{6}{8}$ L를 사용하고, $\frac{5}{8}$ L를 더 넣었더니 $\frac{7}{8}$ L가 되었습니다. 처음 물통에 들어 있던 물은 몇 L였을까요?

문제읽기 CHECK

☐ 구하는 것에 밑줄, 주어진 것에 ○표!

☐ 사용한 물의 양은?
　　　　　　　 L

☐ 더 넣은 물의 양은?
　　　　　　　 L

☐ 남은 물의 양은?
　　　　　　　 L

풀이 ❶ 물을 더 넣기 전에 들어 있던 양을 △ L라고 하여 식을 만들고, △를 구하세요.

❷ 처음 물통에 들어 있던 물의 양을 ☐ L라고 하여 식을 만들고, ☐를 구하세요.

답

3 어떤 수에서 $\frac{2}{9}$ 를 뺐더니 $\frac{5}{9}$ 가 되었습니다. 어떤 수는 얼마일까요?

문제읽기 CHECK

☐ 구하는 것에 밑줄,
   주어진 것에 ○표!

☐ 어떤 수에서 $\frac{2}{9}$ 를 빼면?

         ....

풀이

답 ....

4 어떤 수에서 $1\frac{5}{11}$ 를 빼야 할 것을 잘못하여 더했더니 $5\frac{7}{11}$ 이 되었습니다. 바르게 계산하면 얼마일까요?

문제읽기 CHECK

☐ 구하는 것에 밑줄,
   주어진 것에 ○표!

☐ 잘못한 계산은?

   어떤 수에 .... 를

   더하면 .... 이 된다.

☐ 바른 계산은?

   어떤 수에서 .... 를

   (더한다 , 뺀다).

풀이　❶ 어떤 수를 ☐라고 하여 잘못 계산한 식을 만들고, 어떤 수 ☐를 구하세요.

　　　❷ 바르게 계산하세요.

답 ....

조건에 알맞은 분수 구하기

대표문제

1

분수 카드 3장 중에서 (2장을 골라) (합이 가장 작은 덧셈식)을 만들려고 합니다. 가장 작은 합을 구하세요.

문제읽고

❶ 구하는 것에 밑줄 치고, 주어진 것에 ○표 하세요.

❷ 합이 가장 작은 덧셈식을 만들려면 어떻게 해야 하나요?

합이 가장 작으려면 (작은 , 큰) 수부터 차례로 두 수를 더해야 합니다.

풀이쓰고

❸ 가분수를 대분수로 바꾸어 분수의 크기를 비교하세요.

$\dfrac{27}{8}$ = ... 이므로
　　　대분수

작은 분수부터 차례로 쓰면 .... < .... < .... 입니다.

❹ 합이 가장 작은 덧셈식을 만들고 계산하세요.

(가장 작은 수) + (둘째로 작은 수) ➜ .... + ... = ...

❺ 답을 쓰세요.　가장 작은 합은 .... 입니다.

한번 더 OK

2

분수 카드 3장 중에서 2장을 골라 차가 가장 큰 뺄셈식을 만들려고 합니다. 가장 큰 차를 구하세요.

 $\dfrac{8}{9}$

문제읽고

❶ 구하는 것에 밑줄 치고, 주어진 것에 ○표 하세요.

❷ 차가 가장 큰 뺄셈식을 만들려면 어떻게 해야 하나요?

차가 가장 크려면 가장 (작은 , 큰) 수에서 가장 (작은 , 큰) 수를 빼야 합니다.

풀이쓰고

❸ 가분수를 대분수로 바꾸어 분수의 크기를 비교하세요.

$\dfrac{22}{9}$ = ... 이므로

큰 분수부터 차례로 쓰면 .... > .... > .... 입니다.

❹ 차가 가장 큰 뺄셈식을 만들고 계산하세요.

(가장 큰 수) - (가장 작은 수) ➜ .... - .... = ...

❺ 답을 쓰세요.　가장 큰 차는 .... 입니다.

3

수 카드 ②, ③, ⑤ 중에서 2장을 골라

■에 놓아 합이 가장 큰 덧셈식을 만들려고 합니다.

가장 큰 합을 구하세요.

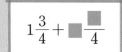

$$1\frac{3}{4} + \blacksquare\frac{\blacksquare}{4}$$

문제읽고

❶ 구하는 것에 밑줄 치고, 주어진 것에 ○표 하세요.

❷ 합이 가장 큰 덧셈식을 만들려면 어떻게 해야 하나요?

　합이 가장 큰 덧셈식을 만들려면 $1\frac{3}{4}$에 가장 (작은 , **큰**) 수를 더해야 합니다.

풀이쓰고

❸ ☐ 안에 알맞은 수 카드의 수를 써넣으세요.

　$\blacksquare\frac{\blacksquare}{4}$를 가장 (작은 , **큰**) 대분수로 만들면 $\boxed{}\frac{\boxed{}}{4}$입니다.

❹ 합이 가장 큰 덧셈식을 만들고 계산하세요.

　$1\frac{3}{4}$ + (분모가 4인 가장 큰 대분수) ➡ $1\frac{3}{4} + \boxed{}\frac{\boxed{}}{4} =$ ....

❺ 답을 쓰세요. 　가장 큰 합은 .... 입니다.

4

수 카드 1, 4, 6 중에서 2장을 골라

■에 놓아 차가 가장 작은 뺄셈식을 만들려고 합니다.

가장 작은 차를 구하세요.

$$10 - \blacksquare\frac{\blacksquare}{7}$$

문제읽고

❶ 구하는 것에 밑줄 치고, 주어진 것에 ○표 하세요.

❷ 차가 가장 작은 뺄셈식을 만들려면 어떻게 해야 하나요?

　차가 가장 작은 뺄셈식을 만들려면 10에서 가장 (**작은** , 큰) 수를 빼야 합니다.

풀이쓰고

❸ ☐ 안에 알맞은 수 카드의 수를 써넣으세요.

　$\blacksquare\frac{\blacksquare}{7}$를 가장 (**작은** , 큰) 대분수로 만들면 $\boxed{}\frac{\boxed{}}{7}$입니다.

❹ 차가 가장 작은 뺄셈식을 만들고 계산하세요.

　10 - (분모가 7인 가장 큰 대분수) ➡ $10 - \boxed{}\frac{\boxed{}}{7} =$ ....

❺ 답을 쓰세요. 　가장 작은 차는 .... 입니다.

1 분수 카드 3장 중에서 2장을 골라 합이 가장 큰 덧셈식을 만들려고 합니다. 가장 큰 합을 구하세요.

$$\boxed{\dfrac{12}{5}} \qquad \boxed{1\dfrac{4}{5}} \qquad \boxed{4\dfrac{1}{5}}$$

문제읽기 CHECK ✓

☐ 구하는 것에 밑줄,
주어진 것에 ○표!

☐ 만들어야 하는 식은?
합이 가장 (작은 , 큰)
덧셈식

☐ 분수 카드의 수는?

....

풀이 ❶ 분수의 크기를 비교하세요.

$\dfrac{12}{5}$ 를 대분수로 바꾸면 $\dfrac{12}{5}$ = ... 이므로

큰 분수부터 차례로 쓰면 .... > .... > .... 입니다.

❷ 합이 가장 큰 덧셈식을 만들고 계산하세요.

(가장 큰 수) + (둘째로 큰 수)

➜ .... + ... = ...

답 ....

2 분수 카드 3장 중에서 2장을 골라 차가 가장 큰 뺄셈식을 만들려고 합니다. 가장 큰 차를 구하세요.

$$\boxed{2\dfrac{3}{7}} \qquad \boxed{\dfrac{19}{7}} \qquad \boxed{1\dfrac{6}{7}}$$

문제읽기 CHECK ✓

☐ 구하는 것에 밑줄,
주어진 것에 ○표!

☐ 만들어야 하는 식은?
차가 가장 (작은 , 큰)
뺄셈식

☐ 분수 카드의 수는?

....

풀이 ❶ 분수의 크기를 비교하세요.

❷ 차가 가장 큰 뺄셈식을 만들고 계산하세요.

답 ....

3 수 카드 3장 중에서 2장을 골라 □ 안에 써넣어 합이 가장 작은 덧셈식을 만들려고 합니다. 가장 작은 합을 구하세요.

$$6\frac{3}{8} + \Box\frac{\Box}{8}$$

문제읽기 CHECK

☐ 구하는 것에 밑줄,
  주어진 것에 ○표!

☐ 만들어야 하는 식은?
  합이 가장 (작은 , 큰)
  덧셈식

☐ 수 카드의 수는?

풀이

답 ....

---

4 수 카드 3장 중에서 2장을 골라 □ 안에 써넣어 차가 가장 작은 뺄셈식을 만들려고 합니다. 가장 작은 차를 구하세요.

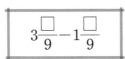

$$3\frac{\Box}{9} - 1\frac{\Box}{9}$$

문제읽기 CHECK

☐ 구하는 것에 밑줄,
  주어진 것에 ○표!

☐ 만들어야 하는 식은?
  차가 가장 (작은 , 큰)
  뺄셈식

☐ 수 카드의 수는?

풀이

답 ....

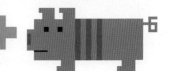

1 어머니께서 밥을 하려고 쌀 $\frac{2}{6}$ kg과 찹쌀 $\frac{3}{6}$ kg을 섞었습니다. 쌀과 찹쌀은 모두 몇 kg일까요? **(5점)**

풀이

답 ....

2 지연이와 동호가 운동장 한 바퀴를 달리는 데 걸리는 시간을 재었더니 지연이의 기록이 동호의 기록보다 $\frac{3}{5}$ 분 더 느렸습니다. 동호의 기록이 $5\frac{3}{5}$ 분일 때 지연이의 기록은 몇 분일까요? **(5점)**

풀이

답 ....

3 병에 담겨 있는 우유를 $\frac{3}{8}$ L 마셨더니 $\frac{2}{8}$ L가 남았습니다. 처음 병에 담겨 있던 우유는 몇 L였을까요? **(5점)**

풀이

답 ....

4 가장 큰 수와 가장 작은 수의 합을 구하세요. **(6점)**

풀이

답 ....

5 ㉮ 정류장에서 ㉯ 정류장까지의 거리는 $2\frac{1}{12}$ km이고, ㉯ 정류장에서 ㉰ 정류장까지의 거리는 ㉮ 정류장에서 ㉯ 정류장까지의 거리보다 $\frac{9}{12}$ km 더 짧습니다. ㉮ 정류장에서 ㉯ 정류장을 지나 ㉰ 정류장까지의 거리는 몇 km일까요? **(7점)**

풀이

답 ....

6 어떤 수에서 $\frac{4}{7}$ 를 빼야 할 것을 잘못하여 더했더니 2가 되었습니다. 바르게 계산하면 얼마일까요? **(7점)**

풀이

답 ....

7 용태는 주스 $2\frac{1}{7}$ L 중에서 $\frac{5}{7}$ L를 마셨고, 하나는 주스 $1\frac{5}{7}$ L 중에서 $\frac{4}{7}$ L를 마셨습니다. 누구의 주스가 몇 L 더 많이 남았을까요? **(8점)**

풀이

답 .... , ...

8 길이가 $2\frac{3}{5}$ cm인 색 테이프와 $4\frac{3}{5}$ cm인 색 테이프를 그림과 같이 $\frac{4}{5}$ cm만큼 겹쳐서 이어 붙였습니다. 이어 붙인 색 테이프의 전체 길이는 몇 cm일까요? **(8점)**

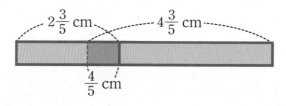

풀이

답 ....

길을 찾아 선으로 표시하세요.

낚시를 마치고 집에 돌아갈 시간이에요.
그런데 바닷길이 다섯 갈래로 나뉘어 있네요.
어느 길로 출발해야 집에 도착할 수 있을까요?

출발

2 삼각형

어떻게 공부할까요?

계획대로 공부했나요?
스스로 평가하여
알맞은 표정에 색칠하세요.

교재 날짜	공부할 내용	공부한 날짜	스스로 평가
7일	개념 확인하기	/	😄 🙂 😦
8일	여러 가지 삼각형	/	😄 🙂 😦
9일	각도, 변의 길이 구하기	/	😄 🙂 😦
10일	문장제 서술형 평가	/	😄 🙂 😦

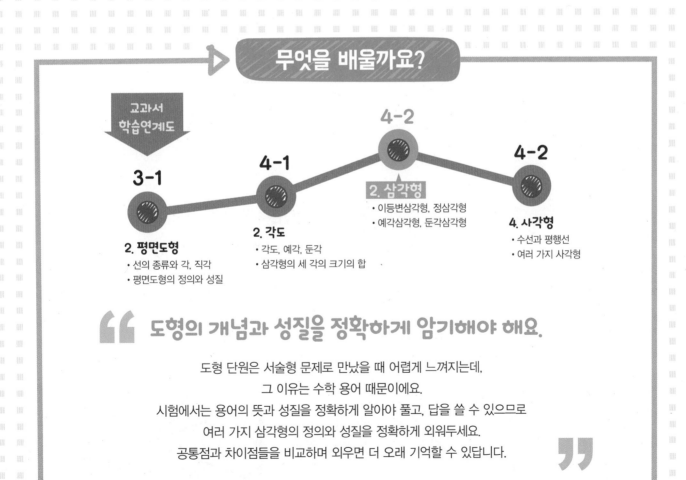

삼각형을
분류하여
이름을 알아봐!

무엇을 배울까요?

교과서
학습연계도

3-1

2. 평면도형
• 선의 종류와 각, 직각
• 평면도형의 정의와 성질

4-1

2. 각도
• 각도, 예각, 둔각
• 삼각형의 세 각의 크기의 합

4-2

2. 삼각형
• 이등변삼각형, 정삼각형
• 예각삼각형, 둔각삼각형

4-2

4. 사각형
• 수선과 평행선
• 여러 가지 사각형

도형의 개념과 성질을 정확하게 암기해야 해요.

도형 단원은 서술형 문제로 만났을 때 어렵게 느껴지는데,
그 이유는 수학 용어 때문이에요.
시험에서는 용어의 뜻과 성질을 정확하게 알아야 풀고, 답을 쓸 수 있으므로
여러 가지 삼각형의 정의와 성질을 정확하게 외워두세요.
공통점과 차이점들을 비교하며 외우면 더 오래 기억할 수 있답니다.

 삼각형 분류하기(1)

1 빈 곳에 알맞은 삼각형의 이름을 써넣으세요.

(1) 두 변의 길이가 같은 삼각형을 ....이라고 합니다.

(2) 세 변의 길이가 같은 삼각형을 ....이라고 합니다.

2 자를 사용하여 알맞은 도형을 모두 찾아 기호를 쓰세요.

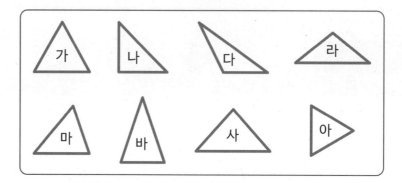

(1) 이등변삼각형 ➡ ....

(2) 정삼각형 ➡ ....

이등변삼각형

3 이등변삼각형입니다. ☐ 안에 알맞은 수를 써넣으세요.

(1)

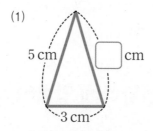

(2)

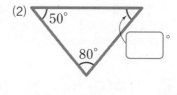

(3)

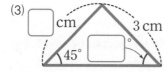

(4)

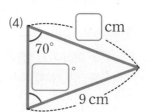

정삼각형

4 정삼각형입니다. □ 안에 알맞은 수를 써넣으세요.

(1)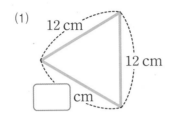
12 cm
12 cm
☐ cm

(2)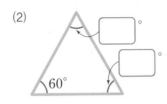
☐°
☐°
60°

삼각형 분류하기(2)

5 빈 곳에 알맞은 삼각형의 이름을 써넣으세요.

(1) 세 각이 모두 예각인 삼각형을 ....이라고 합니다.

(2) 한 각이 둔각인 삼각형을 ....이라고 합니다.

6 삼각형을 예각삼각형, 둔각삼각형, 직각삼각형으로 분류하여 기호를 쓰세요.

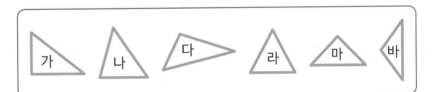

가   나   다   라   마   바

(1) 예각삼각형 ➡ ....

(2) 둔각삼각형 ➡ ....

(3) 직각삼각형 ➡ ....

7 알맞은 것끼리 이어 보세요.

이등변삼각형 •

정삼각형 •

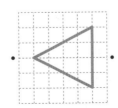

• 예각삼각형

• 직각삼각형

• 둔각삼각형

8 DAY

여러 가지 삼각형

대표 문제 1

두 각의 크기가 각각 65°, 40° 인 삼각형은
예각삼각형일까요, 둔각삼각형일까요?

문제읽고

❶ 구하는 것에 밑줄 치고, 주어진 것에 ○표 하세요.

❷ 예각삼각형, 둔각삼각형은 어떤 삼각형인지 알맞은 말에 ○표 하고 답하세요.

예각삼각형은 (한 , 두 , 세) 각이 모두 ....인 삼각형입니다.

둔각삼각형은 (한 , 두 , 세) 각이 ....인 삼각형입니다.

풀이쓰고

❸ 나머지 한 각의 크기를 구하세요.

삼각형의 세 각의 크기의 합은 ....°이므로

(나머지 한 각의 크기) = 180° – 65° – 40° = ...°입니다.

❹ 어떤 삼각형인지 구하세요.

세 각의 크기가 65°, 40°, ...°로

(모두 예각 , 한 각이 둔각)이므로 (예각삼각형 , 둔각삼각형)입니다.

❺ 답을 쓰세요.   삼각형은 ....입니다.

한번 더 OK 2

오른쪽 도형은 이등변삼각형인가요?
그렇게 생각한 이유를 쓰세요.

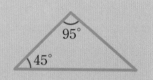

문제읽고

❶ 구하는 것에 밑줄 치고, 주어진 것에 ○표 하세요.

❷ 이등변삼각형의 각은 어떤 특징이 있는지 알맞은 말에 ○표 하세요.

이등변삼각형은 (두 , 세) 각의 크기가 같습니다.

풀이쓰고

❸ 나머지 한 각의 크기를 구하세요.

삼각형의 세 각의 크기의 합은 ....°이므로

(나머지 한 각의 크기) = 180° – 95° – 45° = ...°입니다.

❹ 삼각형의 두 각의 크기가 같은가요?   (예 , 아니오)

❺ 답을 쓰고, 이유를 쓰세요.

도형은 (이등변삼각형입니다 , 이등변삼각형이 아닙니다).

왜냐하면 .... 때문입니다.

대표 문제 3

오른쪽 도형에서 찾을 수 있는
크고 작은 정삼각형은 모두 몇 개일까요?

문제읽고

❶ 무엇을 구하는 문제인가요? 구하는 것에 밑줄 치세요.

풀이쓰고

❷ 작은 정삼각형으로 만들 수 있는 크고 작은 정삼각형은 몇 개인지 구하세요.

작은 정삼각형 1개짜리   작은 정삼각형 4개짜리

또는   또는

.... 개   .... 개

❸ 크고 작은 정삼각형의 수를 구하세요.

.... + ... = ... (개)

❹ 답을 쓰세요.   크고 작은 정삼각형은 모두 ....입니다.

한번 더 OK 4

오른쪽 도형에서 찾을 수 있는
크고 작은 예각삼각형은 모두 몇 개일까요?

문제읽고

❶ 무엇을 구하는 문제인가요? 구하는 것에 밑줄 치세요.

풀이쓰고

❷ 작은 삼각형으로 만들 수 있는 크고 작은 예각삼각형을 표시하고, 몇 개인지 구하세요.

작은 삼각형 2개짜리   작은 삼각형 3개짜리   작은 삼각형 4개짜리

.... 개   .... 개   .... 개

❸ 크고 작은 예각삼각형의 수를 구하세요.

.... + ... + ... = ... (개)

❹ 답을 쓰세요.   크고 작은 예각삼각형은 모두 ....입니다.

1 두 각의 크기가 각각 30°, 50°인 삼각형은 예각삼각형일까요, 둔각삼각형일까요?

풀이 ❶ 삼각형의 세 각의 크기의 합은 ....°이므로

(나머지 한 각의 크기) = ...

= ....°

❷ 세 각의 크기가 30°, 50°, ...°로

(모두 예각 , 한 각이 둔각)이므로 ....입니다.

답 ....

2 삼각형의 일부가 지워졌습니다. 이 삼각형의 이름이 될 수 있는 것을 모두 쓰세요.

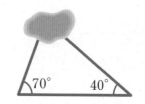

풀이 ❶ 나머지 한 각의 크기를 구하세요.

❷ 어떤 삼각형인지 쓰세요.

답 ....

3 오른쪽 도형에서 찾을 수 있는 크고 작은 정삼각형은 모두 몇 개일까요?

문제읽기 CHECK

☐ 구하는 것에 밑줄!

☐ 정삼각형은?
　　세 변의 길이가
　　·················· 삼각형

풀이 ❶ 작은 정삼각형 1개짜리 : ········ 개

　　　　작은 정삼각형 4개짜리 : ········ 개

　　　　작은 정삼각형 9개짜리 : ········ 개

　　　❷ (크고 작은 정삼각형의 수)

　　　　 = ······························· = ············ (개)

답 ···························

4 오른쪽 도형에서 찾을 수 있는 크고 작은 둔각삼각형은 모두 몇 개일까요?

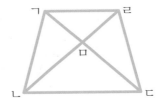

문제읽기 CHECK

☐ 구하는 것에 밑줄,
　　둔각에 ∧ 표!

☐ 둔각삼각형은?
　　한 각이 ········ 인 삼각형

풀이 ❶ 작은 삼각형으로 만들 수 있는 크고 작은 둔각삼각형의 수를 각각 구하세요.

　　　❷ 크고 작은 둔각삼각형의 수를 구하세요.

답 ···························

각도, 변의 길이 구하기

대표 문제

1

삼각형 ㄱㄴㄷ은 이등변삼각형입니다.
각 ㄴㄱㄷ의 크기는 몇 도일까요?

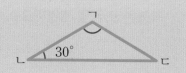

문제읽고
❶ 구하는 것에 밑줄 치고, 주어진 것에 ○표 하세요.
❷ 이등변삼각형에서 크기가 같은 두 각을 찾아 ○표 하세요.

풀이쓰고
❸ 각 ㄱㄷㄴ의 크기를 구하세요.

이등변삼각형은 두 각의 크기가 (**같으므로** , **다르므로**)

(각 ㄱㄷㄴ) = (각 ....) = ...°입니다.

❹ 각 ㄴㄱㄷ의 크기를 구하세요.

(각 ㄴㄱㄷ) = (삼각형의 세 각의 크기의 합) - (각 ㄱㄴㄷ) - (각 ㄱㄷㄴ)

= ....° - 30° - ....° = ...°.

❺ 답을 쓰세요.   각 ㄴㄱㄷ의 크기는 ....입니다.

한번더 OK

2

삼각형 ㄱㄴㄷ은 이등변삼각형입니다.
각 ㄱㄴㄷ의 크기는 몇 도일까요?

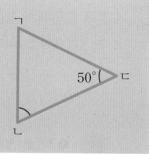

문제읽고
❶ 구하는 것에 밑줄 치고, 주어진 것에 ○표 하세요.
❷ 이등변삼각형에서 크기가 같은 두 각을 찾아 ○표 하세요.

풀이쓰고
❸ 각 ㄱㄴㄷ의 크기를 구하세요.

삼각형의 세 각의 크기의 합은 ....°이므로

(각 ㄴㄱㄷ) + (각 ㄱㄴㄷ) + 50° = ...°

➔ (각 ㄴㄱㄷ) + (각 ㄱㄴㄷ) = 180° - ....° = ...°.

이등변삼각형은 두 각의 크기가 같으므로

(각 ㄱㄴㄷ) = (각 ㄴㄱㄷ) = ...° ÷ 2 = ...°입니다.

❹ 답을 쓰세요.   각 ㄱㄴㄷ의 크기는 ....입니다.

3

삼각형 ㄱㄴㄷ은 이등변삼각형입니다.
삼각형의 세 변의 길이의 합은 몇 cm일까요?

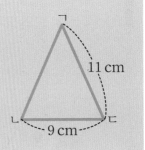

문제읽고

❶ 구하는 것에 밑줄 치고, 주어진 것에 ○표 하세요.

❷ 이등변삼각형에서 길이가 같은 두 변을 찾아 선을 그어 보세요.

풀이쓰고

❸ 변 ㄱㄴ의 길이를 구하세요.

　이등변삼각형은 (**두** , **세**) 변의 길이가 같으므로

　(변 ㄱㄴ) = (변 ....) = ... cm

❹ 삼각형의 세 변의 길이의 합을 구하세요.

　(삼각형의 세 변의 길이의 합) = ... + ... + ... = ... (cm)

❺ 답을 쓰세요.   삼각형의 세 변의 길이의 합은 .... 입니다.

4

삼각형 ㄱㄴㄷ은 이등변삼각형입니다.
세 변의 길이의 합이 17 cm일 때,
변 ㄴㄷ의 길이는 몇 cm일까요?

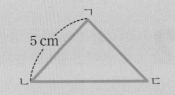

문제읽고

❶ 무엇을 구하는 문제인가요? 구하는 것에 밑줄 치세요.

❷ 주어진 것은 무엇인가요? ○표 하고 답하세요.

　삼각형의 세 변의 길이의 합 : .... cm, (변 ㄱㄴ) = ... cm

풀이쓰고

❸ 변 ㄱㄷ의 길이를 구하세요.

　이등변삼각형은 두 변의 길이가 (**같으므로** , **다르므로**)

　(변 ㄱㄷ) = (변 ....) = ... cm

❹ 변 ㄴㄷ의 길이를 구하세요.

　(변 ㄴㄷ) = (세 변의 길이의 합) - (변 ㄱㄴ) - (변 ㄱㄷ)

　　　　 = 17 - .... - .... = ... (cm)

❺ 답을 쓰세요.   변 ㄴㄷ의 길이는 .... 입니다.

1 삼각형 ㄱㄴㄷ은 이등변삼각형입니다.
각 ㄱㄷㄴ의 크기를 구하세요.

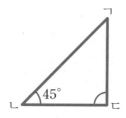

문제읽기 CHECK

☐ 구하는 것에 밑줄,
  주어진 것에 ○표!

☐ 삼각형 ㄱㄴㄷ은?
  이등변삼각형

☐ 각 ㄱㄷㄴ의 크기는?
  °

풀이 ❶ 각 ㄴㄱㄷ의 크기를 구하세요.

이등변삼각형은 .... 각의 크기가 같으므로

(각 ㄴㄱㄷ) = (각 ....) = ...°

❷ 각 ㄱㄷㄴ의 크기를 구하세요.

삼각형의 세 각의 크기의 합은 ....°이므로

(각 ㄱㄷㄴ) = ...

= ....°

답 ....

2 삼각형 ㄱㄴㄷ은 정삼각형입니다. 삼각형
의 세 변의 길이의 합은 몇 cm일까요?

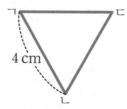

문제읽기 CHECK

☐ 구하는 것에 밑줄,
  주어진 것에 ○표!

☐ 삼각형 ㄱㄴㄷ은?
  ....

☐ 변 ㄱㄴ의 길이는?
  .... cm

풀이 ❶ 변 ㄱㄷ, 변 ㄴㄷ의 길이를 구하세요.

❷ 삼각형의 세 변의 길이의 합을 구하세요.

답 ....

3 삼각형 ㄱㄴㄷ은 이등변삼각형입니다.
세 변의 길이의 합이 30 cm일 때, 변 ㄱㄴ
의 길이는 몇 cm일까요?

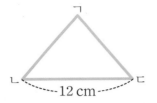

문제읽기 CHECK

☐ 구하는 것에 밑줄,
　주어진 것에 ○표!

☐ 삼각형 ㄱㄴㄷ은?
　⋯⋯⋯⋯⋯⋯

☐ 변 ㄴㄷ의 길이는?
　⋯⋯⋯ cm

☐ 세 변의 길이의 합은?
　⋯⋯⋯ cm

풀이　❶ 변 ㄱㄴ과 변 ㄱㄷ의 길이의 합을 구하세요.

❷ 변 ㄱㄴ의 길이를 구하세요.

답 ⋯⋯⋯⋯⋯⋯⋯⋯⋯⋯⋯⋯⋯

도전!

4 삼각형 ㄱㄴㄷ은 정삼각형입니다. ㉠의
각도를 구하세요.

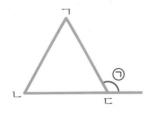

문제읽기 CHECK

☐ 구하는 것에 밑줄,
　주어진 것에 ○표!

☐ 삼각형 ㄱㄴㄷ은?
　⋯⋯⋯⋯⋯⋯⋯

풀이　❶ 각 ㄱㄷㄴ의 크기를 구하세요.

❷ ㉠의 각도를 구하세요.

답 ⋯⋯⋯⋯⋯⋯⋯⋯⋯⋯⋯⋯⋯

10 DAY 문장제 서술형 평가

1 직사각형 모양의 종이를 점선을 따라 모두 잘랐을 때 만들어지는 삼각형 중에서 예각삼각형은 둔각삼각형보다 몇 개 더 많은지 구하세요. **(5점)**

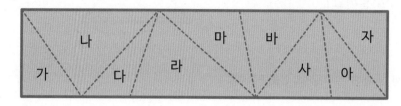

풀이

답 ....

2 삼각형 ㄱㄴㄷ은 이등변삼각형입니다. 삼각형의 세 변의 길이의 합은 몇 cm일까요? **(5점)**

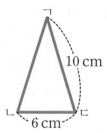

풀이

답 ....

3 세 변의 길이의 합이 27 cm인 정삼각형의 한 변의 길이는 몇 cm일까요? **(5점)**

풀이

답 ....

4 삼각형 ㄱㄴㄷ은 이등변삼각형입니다. 각 ㄱㄷㄴ의 크기는 몇 도일까요? **(5점)**

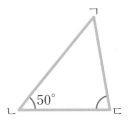

풀이

답 ....

5 두 각의 크기가 각각 30°, 75°인 삼각형의 이름이 될 수 있는 것을  에서 모두 찾아 쓰세요. **(6점)**

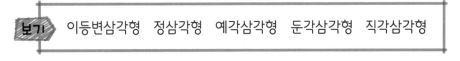

보기 이등변삼각형 정삼각형 예각삼각형 둔각삼각형 직각삼각형

풀이

답 ....

6 오른쪽 그림에서 찾을 수 있는 크고 작은 둔각삼각형은 모두 몇 개일까요? **(6점)**

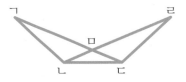

풀이

답 ....

7 길이가 40 cm인 철사를 구부려서 오른쪽 그림과 같이 변 ㄴㄷ의 길이가 10 cm인 이등변삼각형을 만들었습니다. 변 ㄱㄴ의 길이는 몇 cm일까요? **(7점)**

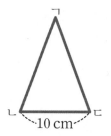

풀이

답 ....

8 오른쪽 도형에서 ㉠의 각도를 구하세요. **(8점)**

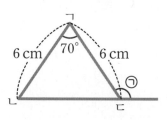

풀이

답 ....

두근두근 마술쇼

숨은 그림 11개를 찾아 ○표 해 주세요.

가족들과 마술쇼를 보러 왔어요.
피에로 아저씨의 마술, 동물 친구들의 묘기를 보니
떨리고 신기한 마음에 가슴이 콩닥콩닥거려요!

나뭇잎, 달팽이, 돛단배, 망치, 물감, 뱀, 붓, 조각 피자, 초, 칼, 톱

3 소수의 덧셈과 뺄셈

어떻게 공부할까요?

계획대로 공부했나요?
스스로 평가하여
알맞은 표정에 색칠하세요.

교재 날짜	공부할 내용	공부한 날짜	스스로 평가
11일	개념 확인하기	/	😀 🙂 😟
12일	소수 두 자리 수 / 소수 세 자리 수	/	😀 🙂 😟
13일	소수의 크기 비교	/	😀 🙂 😟
14일	소수의 덧셈	/	😀 🙂 😟
15일	소수의 뺄셈	/	😀 🙂 😟
16일	수 카드 문제	/	😀 🙂 😟
17일	문장제 서술형 평가	/	😀 🙂 😟

계산한 다음에 소수점을 잊지 말고 꼭! 찍어야 해.

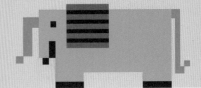

무엇을 배울까요?

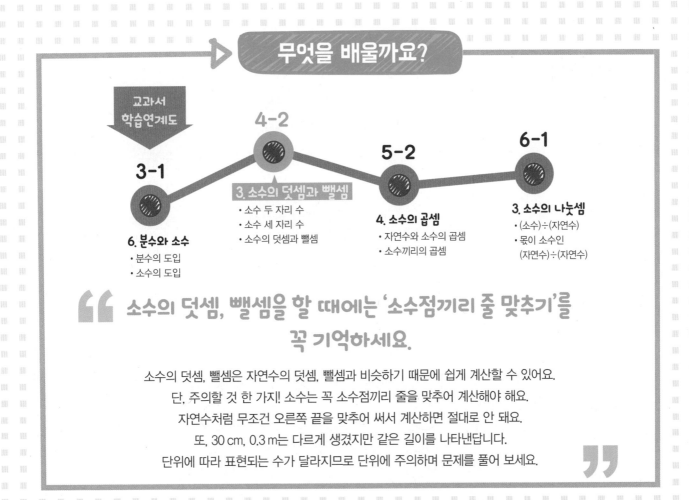

교과서 학습연계도

3-1
6. 분수와 소수
• 분수의 도입
• 소수의 도입

4-2
3. 소수의 덧셈과 뺄셈
• 소수 두 자리 수
• 소수 세 자리 수
• 소수의 덧셈과 뺄셈

5-2
4. 소수의 곱셈
• 자연수와 소수의 곱셈
• 소수끼리의 곱셈

6-1
3. 소수의 나눗셈
• (소수)÷(자연수)
• 몫이 소수인
  (자연수)÷(자연수)

" 소수의 덧셈, 뺄셈을 할 때에는 '소수점끼리 줄 맞추기'를
꼭 기억하세요. **"**

소수의 덧셈, 뺄셈은 자연수의 덧셈, 뺄셈과 비슷하기 때문에 쉽게 계산할 수 있어요.
단, 주의할 것 한 가지! 소수는 꼭 소수점끼리 줄을 맞추어 계산해야 해요.
자연수처럼 무조건 오른쪽 끝을 맞추어 써서 계산하면 절대로 안 돼요.
또, 30 cm, 0.3 m는 다르게 생겼지만 같은 길이를 나타낸답니다.
단위에 따라 표현되는 수가 달라지므로 단위에 주의하며 문제를 풀어 보세요.

소수 두 자리 수
소수 세 자리 수

1 빈 곳에 알맞은 수나 말을 써넣으세요.

(1) 분수 $\frac{23}{100}$ 은 소수로 ....이라 쓰고, ...이 라고 읽습니다.

(2) 분수 $\frac{914}{1000}$ 는 소수로 ....라 쓰고, ... 라고 읽습니다.

2 빈 곳에 알맞은 수를 써넣으세요.

(1) 0.01이 57개인 수는 ....입니다.

(2) 0.468은 0.001이 ....개인 수입니다.

소수의 자릿값

3 빈 곳에 알맞은 수나 말을 써넣으세요.

5.127에서

┌ 5는 ....**일**................ 의 자리 숫자이고 .....**5**..... 를 나타냅니다.

├ 1은 .... 자리 숫자이고 ....을 나타냅니다.

├ 2는 .... 자리 숫자이고 ....를 나타냅니다.

└ 7은 .....**소수 셋째**..... 자리 숫자이고 ....을 나타냅니다.

소수의 크기비교

4 두 수의 크기를 비교하여 ○ 안에 ＞, ＝, ＜를 알맞게 써넣으세요.

(1) 8.9 ◯ 6.56   (2) 1.52 ◯ 1.520

(3) 0.43 ◯ 0.79   (4) 0.29 ◯ 0.3

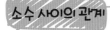

소수 사이의 관계

5 빈 곳에 알맞은 수를 써넣으세요.

(1) 7의 $\dfrac{1}{10}$ 은 ....0.7..........이고, $\dfrac{1}{100}$ 은 ....입니다.

(2) 1.52의 10배는 ....이고, 100배는 ....입니다.

소수의 덧셈

6 계산해 보세요.

(1) 0.4＋0.8

(2) 0.74＋0.22

(3)
$$\begin{array}{r} 2.6 \\ +\,1.7 \\ \hline \end{array}$$

(4)
$$\begin{array}{r} 2.74 \\ +\,1.5 \\ \hline \end{array}$$

소수의 뺄셈

7 계산해 보세요.

(1) 1.5－0.8

(2) 8.24－2.87

(3)
$$\begin{array}{r} 3.1 \\ -\,1.6 \\ \hline \end{array}$$

(4)
$$\begin{array}{r} 10.52 \\ -\,2.7 \\ \hline \end{array}$$

8 빈 곳에 알맞은 소수를 써넣으세요.

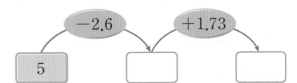

소수 두 자리 수 / 소수 세 자리 수

1

10이 4개, 1이 3개, 0.1이 5개, 0.01이 6개인 소수를 쓰세요.

문제읽고

❶ 구하는 수는 어떤 수인가요? 구하는 것에 밑줄 치고 답하세요.

10이 __4__ 개, 1이 .... 개, 0.1이 .... 개, 0.01이 .... 개인 소수

풀이쓰고

❷ 주어진 수들이 나타내는 수를 각각 구하세요.

10이 .... 개 → ....

1이 .... 개 → ....

0.1이 .... 개 → ....

0.01이 .... 개 → ....

....

❸ 답을 쓰세요.   구하는 소수는 .... 입니다.

2

$\dfrac{1}{10}$이 8개, $\dfrac{1}{100}$이 9개, $\dfrac{1}{1000}$이 2개인 소수를 쓰세요.

문제읽고

❶ 구하는 수는 어떤 수인가요? 구하는 것에 밑줄 치고 답하세요.

$\dfrac{1}{10}$이 .... 개, $\dfrac{1}{100}$이 .... 개, $\dfrac{1}{1000}$이 .... 개인 소수

풀이쓰고

❷ 주어진 수들이 나타내는 수를 각각 구하세요.

$\dfrac{1}{10} = $ __0.1__ 이 .... 개 → __0.8__

$\dfrac{1}{100} = $ .... 이 .... 개 → ....

$\dfrac{1}{1000} = $ .... 이 .... 개 → ....

....

❸ 답을 쓰세요.   구하는 소수는 .... 입니다.

3

1이 7개, 0.1이 1개, 0.01이 25개인 소수를 쓰세요.

문제읽고

❶ 구하는 수는 어떤 수인가요? 구하는 것에 밑줄 치고 답하세요.

1이 .... 개, 0.1이 .... 개, 0.01이 .... 개인 소수

풀이쓰고

❷ 주어진 수들이 나타내는 수를 각각 구하세요.

1이 .... 개 → ....

0.1이 .... 개 → ....

0.01이 .... 개 → ....

....

❸ 답을 쓰세요.   구하는 소수는 .... 입니다.

4

1이 3개, 0.1이 12개, 0.001이 8개인 소수의 10배인 수를 구하세요.

문제읽고

❶ 구하는 수는 어떤 수인가요? 구하는 것에 밑줄 치고 답하세요.

1이 .... 개, 0.1이 .... 개, 0.001이 .... 개인 소수의 .... 배인 수

풀이쓰고

❷ 주어진 수들이 나타내는 수를 각각 구하세요.

1이 .... 개 → ....

0.1이 .... 개 → ....

0.001이 .... 개 → ....

....

❸ ❷에서 구한 수의 10배인 수를 구하세요.

4.208의 10배인 수는 소수점을 기준으로 수가 (**왼쪽** , **오른쪽**)으로 (**한** , **두** , **세**) 자리씩 이동하므로 .... 입니다.

❹ 답을 쓰세요.   구하는 수는 .... 입니다.

1 10이 3개, $\frac{1}{10}$이 2개, $\frac{1}{100}$이 7개인 소수를 쓰세요.

풀이

10이 ....개 → ....

$\frac{1}{10}$ = 0.1 이 ....개 → ....

$\frac{1}{100}$ = ...이 ....개 → ....

....

답 ....

문제읽기 CHECK

☐ 구하는 것에 밑줄!

☐ 구하는 수는?

10이 ....개,

$\frac{1}{10}$이 ....개,

$\frac{1}{100}$이 ....개인

소수

2 1이 2개, 0.1이 8개, 0.01이 11개, 0.001이 6개인 소수를 쓰세요.

풀이

답 ....

문제읽기 CHECK

☐ 구하는 것에 밑줄!

☐ 구하는 수는?

1이 ....개,

0.1이 ....개,

0.01이 ....개,

0.001이 ....개인

소수

3 10이 1개, 1이 4개, 0.01이 9개인 소수의 $\frac{1}{10}$인 수를 구하세요.

 ❶ 10이 1개, 1이 4개, 0.01이 9개인 소수를 구하세요.

❷ ❶에서 구한 소수의 $\frac{1}{10}$인 수를 구하세요.

답 ....

문제읽기 CHECK

☐ 구하는 것에 밑줄!

☐ 구하는 수는?
　　10이 .... 개,
　　1이 .... 개,
　　0.01이 .... 개인
　　소수의 ....

4 조건을 모두 만족하는 소수를 구하세요.

> • 4보다 크고 5보다 작은 소수 세 자리 수입니다.
> • 소수 첫째 자리 숫자는 1입니다.
> • 소수 둘째 자리 숫자는 3입니다.
> • 소수 셋째 자리 숫자는 5입니다.

풀이 ❶ 4보다 크고 5보다 작은 소수 세 자리 수의 자연수 부분을 구하세요.

❷ 조건을 모두 만족하는 소수를 구하세요.

답 ....

문제읽기 CHECK

☐ 구하는 것에 밑줄,
　주어진 것에 ○표!

☐ 소수의 크기는?
　......... 보다 크고
　......... 보다 작다.

☐ 소수 첫째 자리 숫자는?
　.........

☐ 소수 둘째 자리 숫자는?
　.........

☐ 소수 셋째 자리 숫자는?
　.........

소수의 크기 비교

대표문제 1

한라산의 높이는 1.947 km이고, 백두산의 높이는 2.744 km입니다.
한라산과 백두산 중 더 높은 산은 무엇일까요?

문제읽고

❶ 무엇을 구하는 문제인가요? 구하는 것에 밑줄 치세요.

❷ 주어진 것은 무엇인가요? ○표 하고 답하세요.

한라산의 높이 : .... km, 백두산의 높이 : .... km

풀이쓰고

❸ 1.947과 2.744의 크기를 비교하여 더 높은 산을 구하세요.

자연수 부분을 비교하면 1 ◯ 2이므로 1.947 ◯ 2.744입니다.

따라서 (**한라산** , **백두산**)이 더 높습니다.

❹ 답을 쓰세요.

더 높은 산은 .... 입니다.

한번더 OK 2

예지의 100 m 달리기 기록은 18.49초이고,
혜주의 100 m 달리기 기록은 18.43초입니다.
예지와 혜주 중 기록이 더 빠른 사람은 누구일까요?

문제읽고

❶ 무엇을 구하는 문제인가요? 구하는 것에 밑줄 치세요.

❷ 주어진 것은 무엇인가요? ○표 하고 답하세요.

예지의 기록 : .... 초, 혜주의 기록 : .... 초

풀이쓰고

❸ 18.49와 18.43의 크기를 비교하여 기록이 더 빠른 사람을 구하세요.

소수 첫째 자리 수까지 같습니다.

소수 둘째 자리 수를 비교하면 9 ◯ 3이므로 18.49 ◯ 18.43입니다.

따라서 (**예지** , **혜주**)의 기록이 더 빠릅니다.

❹ 답을 쓰세요.

기록이 더 빠른 사람은 .... 입니다.

대표 문제

3

민준이와 혁준이는 멀리뛰기를 하였습니다.
민준이는 1.83 m를 뛰었고, 혁준이는 168 cm를 뛰었습니다.
민준이와 혁준이 중 누가 더 멀리 뛰었는지 m 단위로 나타내어 구하세요.

문제읽고

❶ 무엇을 구하는 문제인가요? 구하는 것에 밑줄 치세요.
❷ 주어진 것은 무엇인가요? ○표 하고 답하세요.

    민준이가 뛴 거리 : .... m, 혁준이가 뛴 거리 : .... cm

풀이쓰고

❸ 혁준이가 뛴 거리를 m 단위로 나타내세요.

    1 cm = ... m이므로 168 cm = ... m입니다.

❹ 1.83과 1.68의 크기를 비교하여 더 멀리 뛴 사람을 구하세요.

    자연수 부분이 같습니다.

    소수 첫째 자리 수를 비교하면 8 ◯ 6이므로 1.83 ◯ 1.68입니다.

    따라서 (**민준** , **혁준**)이가 더 멀리 뛰었습니다.

❺ 답을 쓰세요.   더 멀리 뛴 사람은 .... 입니다.

한번 더 OK

4

우리 집에서 수확한 오이는 2.05 kg이고, 가지는 2083 g입니다.
오이와 가지 중 어느 것이 더 가벼운지 kg 단위로 나타내어 구하세요.

문제읽고

❶ 무엇을 구하는 문제인가요? 구하는 것에 밑줄 치세요.
❷ 주어진 것은 무엇인가요? ○표 하고 답하세요.

    오이의 무게 : .... kg, 가지의 무게 : .... g

풀이쓰고

❸ 가지의 무게를 kg 단위로 나타내세요.

    1 g = ... kg이므로 2083 g = ... kg입니다.

❹ 2.05와 2.083의 크기를 비교하여 더 가벼운 것을 구하세요.

    소수 첫째 자리 수까지 같습니다.

    소수 둘째 자리 수를 비교하면 5 ◯ .... 이므로 2.05 ◯ 2.083입니다.

    따라서 (**오이** , **가지**)가 더 가볍습니다.

❺ 답을 쓰세요.   더 가벼운 것은 .... 입니다.

1 정석이의 키는 1.37 m이고, 주영이의 키는 1.42 m입니다. 정석이와 주영이 중 누구의 키가 더 클까요?

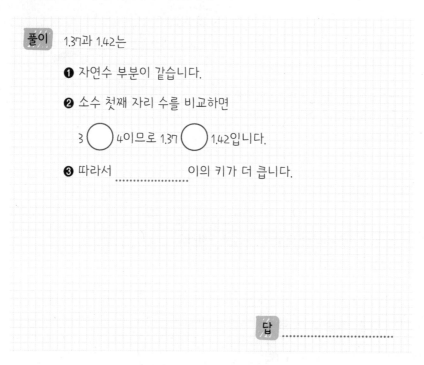

풀이 1.37과 1.42는

❶ 자연수 부분이 같습니다.

❷ 소수 첫째 자리 수를 비교하면

3 ◯ 4이므로 1.37 ◯ 1.42입니다.

❸ 따라서 .... 이의 키가 더 큽니다.

답 ....

2 어머니께서 1.75 L짜리 간장과 1.5 L짜리 식초를 한 병씩 샀습니다. 간장과 식초 중 어느 것이 더 많을까요?

풀이

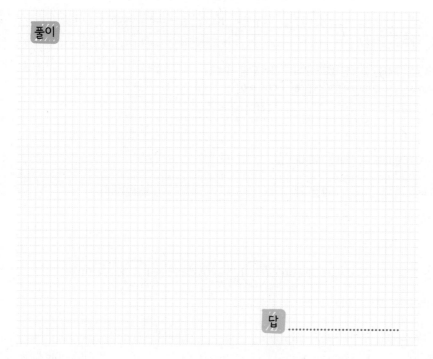

답 ....

3 지하철을 이용하면 서울역에서 양주역까지의 거리는 30400 m이고, 서울역에서 인천역까지의 거리는 38.7 km입니다. 양주역과 인천역 중 서울역에서 더 가까운 역은 어느 역일까요?

문제읽기 CHECK

☐ 구하는 것에 밑줄, 주어진 것에 ○표!

☐ 서울역에서 양주역까지의 거리는?

.... m

☐ 서울역에서 인천역까지의 거리는?

.... km

풀이 ❶ 서울역에서 양주역까지의 거리를 km 단위로 나타내세요.

❷ 서울역에서 더 가까운 역을 구하세요.

답 ....

4 미술 시간에 찰흙을 승표네 모둠은 2.53 kg 사용하고, 현정이네 모둠은 250 kg의 $\frac{1}{100}$만큼 사용했습니다. 승표네 모둠과 현정이네 모둠 중 찰흙을 더 많이 사용한 모둠은 어느 모둠일까요?

문제읽기 CHECK

☐ 구하는 것에 밑줄, 주어진 것에 ○표!

☐ 사용한 찰흙은?
 • 승표네 모둠 :

.... kg

 • 현정이네 모둠 :

.... kg의 $\frac{1}{100}$

풀이 ❶ 현정이네 모둠이 사용한 찰흙의 무게를 구하세요.

❷ 찰흙을 더 많이 사용한 모둠을 구하세요.

답 ....

14 DAY 소수의 덧셈

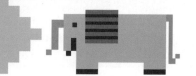

대표문제 1

빨간색 테이프가 ⟨0.5 m⟩ 파란색 테이프가 ⟨0.7 m⟩ 있습니다.
두 색 테이프를 겹치는 부분이 없도록 한 줄로 이어 붙이면
색 테이프의 길이는 몇 m가 될까요?

문제읽고

❶ 무엇을 구하는 문제인가요? 구하는 것에 밑줄 치세요.

❷ 주어진 것은 무엇인가요? ○표 하고 답하세요.

　빨간색 테이프의 길이 : ....m, 파란색 테이프의 길이 : ....m

풀이쓰고

❸ 식을 쓰세요.

　(이어 붙인 색 테이프의 길이)

　= (빨간색 테이프의 길이) (+ , −) (파란색 테이프의 길이)

　= .... (+ , −) .... = ... (m)

❹ 답을 쓰세요.

　이어 붙인 색 테이프의 길이는 ....가 됩니다.

한번 더 OK 2

은정이는 아침에 2.8 km, 저녁에 3.16 km를 달리며 운동을 합니다.
은정이가 아침과 저녁에 달리는 거리는 모두 몇 km일까요?

문제읽고

❶ 무엇을 구하는 문제인가요? 구하는 것에 밑줄 치세요.

❷ 주어진 것은 무엇인가요? ○표 하고 답하세요.

　아침에 달리는 거리 : ....km, 저녁에 달리는 거리 : ....km

풀이쓰고

❸ 식을 쓰세요.

　(아침과 저녁에 달리는 거리)

　= (아침에 달리는 거리) (+ , −) (저녁에 달리는 거리)

　= .... (+ , −) .... = ... (km)

❹ 답을 쓰세요.

　아침과 저녁에 달리는 거리는 모두 ....입니다.

대표
문제

3

준영이는 고구마를 13.6 kg 캤고,
아버지는 준영이보다 4.7 kg 더 많이 캤습니다.
아버지가 캔 고구마는 몇 kg일까요?

문제읽고

❶ 무엇을 구하는 문제인가요? 구하는 것에 밑줄 치세요.

❷ 주어진 것은 무엇인가요? ○표 하고 답하세요.

아버지 : 준영이가 캔 고구마 ....kg보다 ....kg 더 많이 캤습니다.

풀이쓰고

❸ 식을 쓰세요.

(아버지가 캔 고구마 무게) = (준영이가 캔 고구마 무게) (+ , -) (더 많이 캔 무게)

= .... (+ , -) .... = ...(kg)

❹ 답을 쓰세요.

아버지가 캔 고구마는 ....입니다.

한단계
UP

4

100원짜리 동전의 무게는 5.42 g이고,
500원짜리 동전은 100원짜리 동전보다 2.28 g 더 무겁습니다.
500원짜리 동전과 100원짜리 동전의 무게의 합은 몇 g일까요?

문제읽고

❶ 무엇을 구하는 문제인가요? 구하는 것에 밑줄 치세요.

❷ 주어진 것은 무엇인가요? ○표 하고 답하세요.

500원짜리 동전 : 100원짜리 동전의 무게 ....g보다 ....g 더 무겁습니다.

풀이쓰고

❸ 500원짜리 동전의 무게를 구하세요.

(500원짜리 동전의 무게) = (100원짜리 동전의 무게) (+ , -) (더 무거운 무게)

= .... = ...(g)

❹ 두 동전의 무게의 합을 구하세요.

(두 동전의 무게의 합) = (500원짜리 동전의 무게) (+ , -) (100원짜리 동전의 무게)

= .... = ...(g)

❺ 답을 쓰세요.

두 동전의 무게의 합은 ....입니다.

1 유나의 몸무게는 38.7 kg이고, 유나가 키우는 강아지의 무게는 6.4 kg입니다. 유나가 강아지를 안고 무게를 재면 몇 kg이 될까요?

문제읽기 CHECK

☐ 구하는 것에 밑줄, 주어진 것에 ○표!

☐ 유나의 몸무게는?
.... kg

☐ 강아지의 무게는?
.... kg

풀이 (유나와 강아지의 무게)

= (유나의 몸무게) (+ , −) (강아지의 무게)

= ....

= .... (kg)

답 ....

2 준호네 집에서 학교까지의 거리는 서희네 집에서 학교까지의 거리보다 0.31 km 더 멉니다. 서희네 집에서 학교까지의 거리가 0.94 km일 때, 준호네 집에서 학교까지의 거리는 몇 km일까요?

문제읽기 CHECK

☐ 구하는 것에 밑줄, 주어진 것에 ○표!

☐ 서희네 집에서 학교까지의 거리는?
.... km

☐ 준호네 집에서 학교까지의 거리는?
(서희네 집~학교)의 거리보다 .... km 더 멀다.

풀이

답 ....

3 오른쪽 삼각형의 가장 긴 변과 가장 짧은 변의 길이의 합을 구하세요.

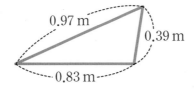

0.97 m
0.39 m
0.83 m

문제읽기 CHECK

☐ 구하는 것에 밑줄, 주어진 것에 ○표!

☐ 세 변의 길이는?

.... m

.... m

.... m

풀이 ❶ 가장 긴 변과 가장 짧은 변의 길이를 각각 구하세요.

❷ 가장 긴 변과 가장 짧은 변의 길이의 합을 구하세요.

답 ....

4 물을 수빈이는 2.4 L의 $\frac{1}{10}$ 만큼, 동준이는 200 mL 마셨습니다. 두 사람이 마신 물은 모두 몇 L일까요?

문제읽기 CHECK

☐ 구하는 것에 밑줄, 주어진 것에 ○표!

☐ 수빈이가 마신 물은?

.... L의 $\frac{1}{10}$

☐ 동준이가 마신 물은?

.... mL

풀이 ❶ 수빈이와 동준이가 마신 물의 양은 각각 몇 L인지 구하세요.

❷ 두 사람이 마신 물의 양의 합은 몇 L인지 구하세요.

답 ....

소수의 뺄셈

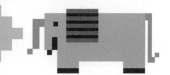

대표 문제

1

우유가 1 L 있었습니다.
태환이가 운동을 하고 우유를 마셨더니 0.45 L가 남았습니다.
태환이가 마신 우유는 몇 L일까요?

문제읽고

❶ 무엇을 구하는 문제인가요? 구하는 것에 밑줄 치세요.

❷ 주어진 것은 무엇인가요? ○표 하고 답하세요.

처음 우유의 양 : .... L, 남은 우유의 양 : L

풀이쓰고

❸ 식을 쓰세요.

(마신 우유의 양) = (처음 우유의 양) (+ , -) (남은 우유의 양)

= .... (+ , -) .... = ... (L)

❹ 답을 쓰세요.

태환이가 마신 우유는 .... 입니다.

한번 더 OK

2

오늘 아침 기온은 서울 12.4도, 제주도 16.9도였습니다.
서울과 제주도 중 어느 곳의 기온이 몇 도 더 높았을까요?

문제읽고

❶ 무엇을 구하는 문제인가요? 구하는 것에 밑줄 치세요.

❷ 주어진 것은 무엇인가요? ○표 하고 답하세요.

서울의 기온 : ....도, 제주도의 기온 : ....도

풀이쓰고

❸ 서울과 제주도의 기온을 비교하세요.

12.4 ◯ 16.9이므로 (서울 , 제주도)의 기온이 더 높았습니다.

❹ 서울과 제주도의 기온의 차를 구하세요.

(기온의 차) = (제주도의 기온) (+ , -) (서울의 기온)

= .... (+ , -) .... = ...(도)

❺ 답을 쓰세요.

.... 의 기온이 .... 더 높았습니다.

3

오른쪽 직사각형의
세로는 가로보다 1.65 m 더 짧습니다.
세로는 몇 m일까요?

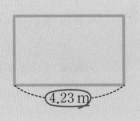

4.23 m

문제읽고

❶ 무엇을 구하는 문제인가요? 구하는 것에 밑줄 치세요.

❷ 주어진 것은 무엇인가요? ○표 하고 답하세요.

세로 : 가로 ....4.23.......... m보다 .... m 더 짧습니다.

풀이쓰고

❸ 식을 쓰세요.

(세로) = (가로) (+ , -) (더 짧은 길이)

= .... (+ , -) .... = ... (m)

❹ 답을 쓰세요.

세로는 .... 입니다.

4

수민이의 몸무게는 40.08 kg입니다.
민주의 몸무게는 수민이의 몸무게보다 1.8 kg 더 가볍고,
다은이의 몸무게는 민주의 몸무게보다 0.45 kg 더 가볍습니다.
다은이의 몸무게는 몇 kg일까요?

문제읽고

❶ 구하는 것에 밑줄 치고, 주어진 것에 ○표 하세요.

풀이쓰고

❷ 민주의 몸무게를 구하세요.

(민주의 몸무게) = (수민이의 몸무게) (+ , -) (더 가벼운 무게)

= .... = ... (kg)

❸ 다은이의 몸무게를 구하세요.

(다은이의 몸무게) = (민주의 몸무게) (+ , -) (더 가벼운 무게)

= .... = ... (kg)

❹ 답을 쓰세요.

다은이의 몸무게는 .... 입니다.

1 100 m를 호정이는 18.5초에 달렸고, 하영이는 호정이보다 2.6초 더 빨리 달렸습니다. 하영이는 100 m를 몇 초에 달렸을까요?

풀이 (하영이가 달린 시간)

= (호정이가 달린 시간) (+ , −) (더 빨리 달린 시간)

= ....

= ....(초)

답 ....

2 책만 들어 있는 가방의 무게는 4.52 kg입니다. 빈 가방의 무게가 0.23 kg일 때 가방에 들어 있는 책의 무게는 몇 kg일까요?

풀이

답 ....

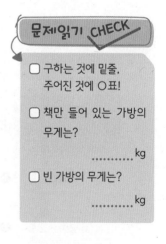

3 공 던지기를 하여 진수는 28.4 m를 던지고, 기석이는 36.1 m를 던 졌습니다. 기석이는 진수보다 몇 m 더 멀리 던졌을까요?

 풀이

문제읽기 CHECK

☐ 구하는 것에 밑줄, 주어진 것에 ○표!

☐ 진수가 던진 거리는?
.... m

☐ 기석이가 던진 거리는?
.... m

답 ....

4 명수와 지우는 미술 시간에 색 테이프를 가지고 리본을 만들었습니다. 명수는 1.6 m 중에서 1.43 m를 사용하고, 지우는 2.21 m 중에서 1.9 m를 사용하였습니다. 명수와 지우 중 누구의 색 테이프가 몇 m 더 많이 남았을까요?

 풀이 ❶ 명수와 지우가 사용하고 남은 색 테이프의 길이를 각각 구하세요.

문제읽기 CHECK

☐ 구하는 것에 밑줄, 주어진 것에 ○표!

☐ 명수가 사용한 색 테이프는?
1.6 m 중 .... m

☐ 지우가 사용한 색 테이프는?
2.21 m 중 .... m

❷ 누구의 색 테이프가 몇 m 더 많이 남았는지 구하세요.

답 .... , ...

수 카드 문제

대표문제

1 카드를 한 번씩 모두 사용하여 가장 큰 소수 두 자리 수를 만드세요.

 ④ ② ⑦ ⦿

문제읽고 ❶ 구하는 것에 밑줄 치고, 주어진 것에 ○표 하세요.

풀이쓰고 ❷ 가장 큰 수를 만들려면 어떻게 해야 할까요?

높은 자리부터 (**큰** , **작은**) 수를 차례로 놓습니다.

❸ 소수 두 자리 수가 되려면 어떻게 해야 할까요?

소수점을 기준으로 오른쪽에 수가 (**1개** , **2개** , **3개**) 있도록 점(.) 카드를 놓습니다.

❹ 위의 방법대로 가장 큰 소수 두 자리 수를 만드세요.

| 7 | . | | |

소수 두 자리 수의 모양 → □.□□

❺ 답을 쓰세요.

가장 큰 소수 두 자리 수는 ....입니다.

한번더 OK

2 카드를 한 번씩 모두 사용하여 가장 작은 소수 세 자리 수를 만드세요.

8 1 5 0 .

문제읽고 ❶ 구하는 것에 밑줄 치고, 주어진 것에 ○표 하세요.

풀이쓰고 ❷ 가장 작은 수를 만들려면 어떻게 해야 할까요?

높은 자리부터 (**큰** , **작은**) 수를 차례로 놓습니다.

❸ 소수 세 자리 수가 되려면 어떻게 해야 할까요?

소수점을 기준으로 오른쪽에 수가 (**1개** , **2개** , **3개**) 있도록 점(.) 카드를 놓습니다.

❹ 위의 방법대로 가장 작은 소수 세 자리 수를 만드세요.

| | | | |

❺ 답을 쓰세요.

가장 작은 소수 세 자리 수는 ....입니다.

대표 문제

3

카드를 한 번씩 모두 사용하여 소수 두 자리 수를 만들려고 합니다.
만들 수 있는 가장 큰 수와 가장 작은 수의 합을 구하세요.

③   ⑧   ②   ⦿

문제읽고

❶ 구하는 것에 밑줄 치고, 주어진 것에 ◯표 하세요.

풀이쓰고

❷ 만들 수 있는 소수 두 자리 수 중 가장 큰 수와 가장 작은 수를 각각 구하세요.

(가장 큰 수) = □□□□ , (가장 작은 수) = □□□

❸ 가장 큰 수와 가장 작은 수의 합을 구하세요.

(가장 큰 수) (+ , −) (가장 작은 수)

= .... = ...

❹ 답을 쓰세요.

가장 큰 수와 가장 작은 수의 합은 .... 입니다.

한번 더 OK

4

카드를 한 번씩 모두 사용하여 소수 한 자리 수를 만들려고 합니다.
만들 수 있는 가장 큰 수와 가장 작은 수의 차를 구하세요.

4   9   6   .

문제읽고

❶ 구하는 것에 밑줄 치고, 주어진 것에 ◯표 하세요.

풀이쓰고

❷ 만들 수 있는 소수 한 자리 수 중 가장 큰 수와 가장 작은 수를 각각 구하세요.

(가장 큰 수) = □□□□ , (가장 작은 수) = □□□

❸ 가장 큰 수와 가장 작은 수의 차를 구하세요.

(가장 큰 수) (+ , −) (가장 작은 수)

= .... = ...

❹ 답을 쓰세요.

가장 큰 수와 가장 작은 수의 차는 .... 입니다.

1 카드를 한 번씩 모두 사용하여 소수 두 자리 수를 만들려고 합니다. 만들 수 있는 수 중에서 소수 첫째 자리 숫자가 9인 가장 큰 수는 얼마일까요?

$$\boxed{2} \quad \boxed{9} \quad \boxed{5} \quad \boxed{.}$$

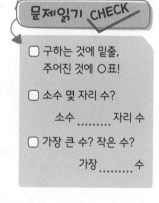

문제읽기 CHECK

☐ 구하는 것에 밑줄,
　주어진 것에 ○표!

☐ 소수 몇 자리 수?
　　소수 .... 자리 수

☐ 소수 첫째 자리 숫자는?
　　　.........

☐ 가장 큰 수? 작은 수?
　　가장 .... 수

풀이 먼저 소수 (**한** , **두**) 자리 수가 되도록 소수점을 찍은 다음

9를 소수 .... 자리에 놓습니다.

9를 제외한 남은 수를 (**큰** , **작은**) 수부터 차례로 놓습니다.

$$\boxed{\quad\quad\quad\quad}$$

답 ....

2 카드를 한 번씩 모두 사용하여 가장 큰 소수 세 자리 수를 만들었습니다. 만든 수에서 3이 나타내는 수를 구하세요.

$$\boxed{3} \quad \boxed{7} \quad \boxed{6} \quad \boxed{4} \quad \boxed{.}$$

문제읽기 CHECK

☐ 구하는 것에 밑줄,
　주어진 것에 ○표!

☐ 소수 몇 자리 수?
　　소수 .... 자리 수

☐ 가장 큰 수? 작은 수?
　　가장 .... 수

풀이 ❶ 가장 큰 소수 세 자리 수를 만드세요.

$$\boxed{\quad\quad\quad\quad\quad}$$

❷ 만든 수에서 3이 나타내는 수를 구하세요.

답 ....

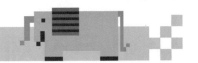

3 카드를 한 번씩 모두 사용하여 소수 두 자리 수를 만들려고 합니다. 만
들 수 있는 가장 큰 수와 가장 작은 수의 합을 구하세요.

| 6 | 1 | 2 | . |

 풀이

문제읽기 **CHECK**

☐ 구하는 것에 밑줄,
　주어진 것에 ○표!

☐ 소수 몇 자리 수?
　　소수 ········· 자리 수

☐ 합? 차?
　　　　　·········

답 ······························

도전!

4 카드를 한 번씩 모두 사용하여 소수를 만들려고 합니다. 만들 수 있는
가장 큰 소수 두 자리 수와 가장 작은 소수 한 자리 수의 차를 구하세요.

| 1 | 3 | 5 | . |

풀이

문제읽기 **CHECK**

☐ 구하는 것에 밑줄,
　주어진 것에 ○표!

☐ 소수 두 자리 수는?
　　가장 (큰 , 작은) 수로

☐ 소수 한 자리 수는?
　　가장 (큰 , 작은) 수로

☐ 합? 차?
　　　　　·········

답 ······························

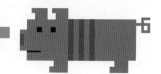

1 1이 5개, 0.1이 1개, 0.01이 7개인 소수를 쓰고, 읽어 보세요. **(5점)**

 풀이

 답 .... , ...

2 두 달 전에 강낭콩의 길이를 재었을 때는 0.42 m였는데 오늘 다시 재어 보니 0.9 m였습니다. 강낭콩은 두 달 동안 몇 m 자랐을까요? **(5점)**

 풀이

 답 ....

3 우유를 민재는 0.26 L 마시고, 서윤이는 민재보다 0.17 L 더 많이 마셨습니다. 서윤이가 마신 우유는 몇 L일까요? **(5점)**

 풀이

답 ....

4 민정이는 집에서부터 학교, 시장, 공원까지의 거리를 알아보았습니다. 집에서 가까운 곳부터 순서대로 쓰세요. **(6점)**

집 ~ 학교	0.872 km
집 ~ 시장	0.21 km
집 ~ 공원	1200 m

풀이

답 ....

5 카드를 한 번씩 모두 사용하여 소수 두 자리 수를 만들려고 합니다. 만들 수 있는 가장 큰 수와 가장 작은 수의 차를 구하세요. **(7점)**

 5   7   1   .

풀이

답 ....

6 어떤 수에 1.95를 더해야 할 것을 잘못하여 뺐더니 2.47이 되었습니다. 바르게 계산하면 얼마일까요? **(8점)**

풀이

답 ....

7 유진이네 모둠과 기성이네 모둠 학생들이 2명씩 이어달리기를 했습니다. 학생들의 기록이 다음과 같을 때 누구네 모둠이 몇 초 더 빨리 들어왔을까요? (단, 바통을 주고 받는 데 걸리는 시간은 생각하지 않습니다.) **(8점)**

유진이네 모둠	
유진 9.7초	종원 8.2초

기성이네 모둠	
기성 9.4초	세아 9.1초

풀이

답 ...., ...

8 승기는 5 m짜리 색 테이프를 샀습니다. 그중에서 리본 모양을 만드는 데 2.4 m를 사용하고, 선물을 포장하는 데 1.76 m를 사용하였습니다. 남은 색 테이프는 몇 m일까요? **(8점)**

풀이

답 ....

똑 닮은 아빠와 아들

다른 부분 10군데를 찾아 ○표 해 주세요.

나는 아빠를 따라 아이스하키 선수가 되었어요!
왼쪽은 30년 전 아빠의 사진이고, 오른쪽은 지금 나의 모습이랍니다.
아빠의 모습을 보며 연습했는데 어디가 다른가요?
서로 다른 부분을 찾아보세요.

4 사각형

▷ 어떻게 공부할까요?

계획대로 공부했나요?
스스로 평가하여
알맞은 표정에 색칠하세요.

교재 날짜	공부할 내용	공부한 날짜	스스로 평가
18일	개념 확인하기	/	😄 🙂 😮
19일	수직과 평행	/	😄 🙂 😮
20일	여러 가지 사각형	/	😄 🙂 😮
21일	변의 길이, 각도 구하기	/	😄 🙂 😮
22일	문장제 서술형 평가	/	😄 🙂 😮

여러 가지 사각형의
모양과 특징을
알아보자.

무엇을 배울까요?

교과서
학습연계도

4-1

2. 각도
• 각도, 예각, 둔각
• 사각형의 네 각의 크기의 합

4-2

4. 사각형
• 수선과 평행선
• 여러 가지 사각형

4-2

6. 다각형
• 다각형, 정다각형
• 대각선

5-1

6. 다각형의 둘레와 넓이
• 넓이의 단위 1 cm², 1 m², 1 km²
• 평면도형의 둘레와 넓이

❝ 도형의 개념과 성질을 정확하게 암기해야 해요.

이번 단원에서는 중요한 수학 용어를 많이 배워요.
수직, 평행, 사다리꼴, 평행사변형, 마름모는 앞으로도 계속 나오는 용어이므로
뜻과 성질을 꼭 암기하고 있어야 해요. 잊어버리면 안 돼요.
여러 가지 사각형 사이의 포함 관계,
사각형들의 공통점과 차이점들을 비교하며 외우면 더 쉽게 기억할 수 있답니다. ❞

1 보기에서 알맞은 말을 찾아 빈 곳에 써넣으세요.

> 보기   평행, 수직, 수선, 평행선

(1) 두 직선이 만나서 이루는 각이 직각일 때,
   두 직선은 서로 ....이라고 합니다.

(2) 두 직선이 서로 수직으로 만나면
   한 직선을 다른 직선에 대한 ....이라고 합니다.

(3) 서로 만나지 않는 두 직선을 ....하다고 합니다.

(4) 평행한 두 직선을 ....이라고 합니다.

2 그림을 보고 빈 곳에 알맞은 기호를 써넣으세요.

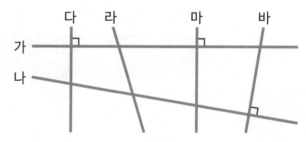

(1) 직선 **나**와 수직으로 만나는 직선 → 직선 ....

(2) 직선 **가**에 대한 수선 → 직선 .... 와 직선 ....

(3) 평행선 → 직선 .... 와 직선 ....

3 직선 가와 직선 나는 서로 평행합니다. 평행선 사이의 거리를 나타내는
선분을 찾아 ○표 하세요.

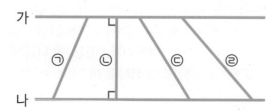

4 빈 곳에 알맞은 사각형의 이름을 쓰세요.

(1) 평행한 변이 한 쌍이라도 있는 사각형 ➡ ....

(2) 마주 보는 두 쌍의 변이 서로 평행한 사각형 ➡ ....

(3) 네 변의 길이가 모두 같은 사각형 ➡ ....

(4) 네 각의 크기가 모두 같은 사각형 ➡ ....

5 평행사변형입니다. ☐ 안에 알맞은 수를 써넣으세요.

(1)
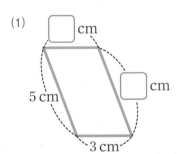

(2)
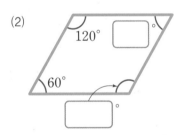

6 마름모입니다. ☐ 안에 알맞은 수를 써넣으세요.

(1)
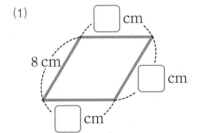

(2)
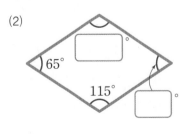

수직과 평행

대표 문제

1

오른쪽 도형에서
직선 나에 대한 수선을 찾아 쓰세요.

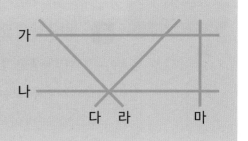

문제읽고

❶ 무엇을 구하는 문제인가요? 구하는 것에 밑줄 치세요.

❷ 수선은 무엇일까요? 알맞은 말에 ○표 하세요.

수선은 서로 수직, 즉 (**예각** , **직각** , **둔각**)으로 만나는 두 직선입니다.

풀이쓰고

❸ 위의 그림에 두 직선이 만나서 이루는 각이 직각인 곳을 모두 찾아 └ 로 표시하세요.

❹ 직선 나에 대한 수선을 찾아 ○표 하세요.

직선 **나**와 수직으로 만나는 직선을 찾으면 직선 (**가** , **다** , **라** , **마**)입니다.

❺ 답을 쓰세요.

직선 **나**에 대한 수선은 ....입니다.

한번 더 OK

2

오른쪽 도형에서 찾을 수 있는
평행선은 모두 몇 쌍일까요?

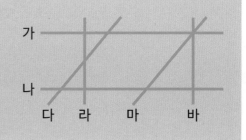

문제읽고

❶ 무엇을 구하는 문제인가요? 구하는 것에 밑줄 치세요.

❷ 평행선은 무엇일까요? 알맞은 말에 ○표 하세요.

평행선은 서로 평행한, 즉 (**수직으로 만나는** , **만나지 않는**) 두 직선입니다.

풀이쓰고

❸ 평행선을 모두 찾아 쓰세요.

평행한 두 직선을 모두 찾으면

직선 **가**와 직선 ...., 직선 **다**와 직선 ...., 직선 **라**와 직선 ....입니다.

❹ 답을 쓰세요.

평행선은 모두 ....입니다.

대표 문제 3

오른쪽 도형에서
평행선 사이의 거리는 몇 cm일까요?

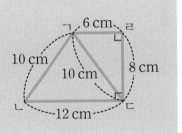

문제읽고

❶ 무엇을 구하는 문제인가요? 구하는 것에 밑줄 치세요.

❷ 평행선 사이의 거리는 무엇일까요? 알맞은 말을 써넣으세요.

평행선 사이의 거리는 평행선 사이의 ....의 길이입니다.

풀이쓰고

❸ 평행선을 찾아 쓰세요.   변 ㄱㄹ과 변 ....

❹ 평행선 사이의 거리를 구하세요.

변 ㄱㄹ과 변 ㄴㄷ 사이의 수선을 찾으면 (**선분 ㄱㄴ , 선분 ㄹㄷ , 선분 ㄱㄷ**)입니다.

평행선 사이의 거리는 선분 ....의 길이이므로 .... cm입니다.

❺ 답을 쓰세요.

평행선 사이의 거리는 ....입니다.

한단계 UP 4

변 ㄱㅂ과 변 ㄴㄷ은 서로 평행합니다.
변 ㄱㅂ과 변 ㄴㄷ 사이의 거리는

몇 cm일까요?

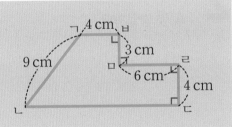

문제읽고

❶ 구하는 것에 밑줄 치고, 주어진 것에 ○표 하세요.

풀이쓰고

❷ 오른쪽 그림에 변 ㄱㅂ과 변 ㄴㄷ 사이에 수선을 그어 보세요.

❸ 변 ㄱㅂ과 변 ㄴㄷ 사이의 거리를 구하세요.

(변 ㄱㅂ과 변 ㄴㄷ 사이의 거리)

= (변 ㅂㅁ) + (변 ....)

= .... + ... = ... (cm)

❹ 답을 쓰세요.

변 ㄱㅂ과 변 ㄴㄷ 사이의 거리는 ....입니다.

1 오른쪽 도형에서 서로 수직인 변은 모두 몇 쌍일까요?

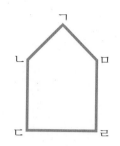

풀이 만나서 이루는 각이 직각인 두 변을 찾으면

변 ㄴㄱ과 변 ...., 변 ㄴㄷ과 변 ....,

변 ㅁㄹ과 변 ....입니다.

따라서 서로 수직인 변은 모두 ....쌍입니다.

답 ....

2 오른쪽 도형에서 찾을 수 있는 평행선은 모두 몇 쌍일까요?

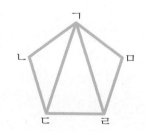

풀이

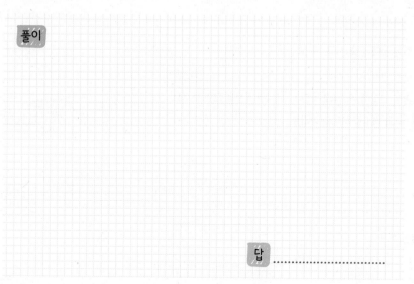

답 ....

3 세 직선 가, 나, 다가 서로 평행할 때 직선 가와 직선 다 사이의 거리는 몇 cm일까요?

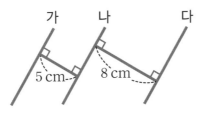

풀이

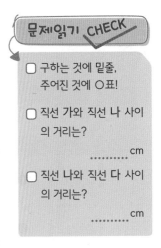

문제읽기 CHECK

☐ 구하는 것에 밑줄, 주어진 것에 ○표!

☐ 직선 가와 직선 나 사이의 거리는?
.... cm

☐ 직선 나와 직선 다 사이의 거리는?
.... cm

답 ....

도전!

4 오른쪽 도형에서 변 ㄱㄴ과 변 ㄹㄷ 사이의 거리는 18 cm입니다. 변 ㅁㄹ의 길이는 몇 cm일까요?

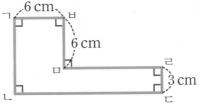

풀이 ❶ 변 ㄱㄴ과 변 ㄹㄷ 사이의 거리를 두 변의 길이의 합으로 나타내세요.

(변 ....) + (변 ㅁㄹ)

❷ 변 ㅁㄹ의 길이를 구하세요.

문제읽기 CHECK

☐ 구하는 것에 밑줄, 주어진 것에 ○표!

☐ 변 ㄱㄴ과 변 ㄹㄷ 사이의 거리는?
.... cm

☐ 길이가 18 cm인 변은?
(변 ㄱㄴ , 변 ㄴㄷ)

답 ....

여러 가지 사각형

대표
문제

1

오른쪽 도형은 <u>사다리꼴</u>인가요?
그렇게 생각한 <u>이유를 쓰세요.</u>

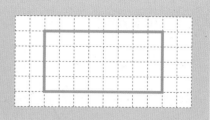

문제읽고
❶ 무엇을 구하는 문제인가요? 구하는 것에 밑줄 치세요.

풀이쓰고
❷ 사다리꼴은 어떤 사각형인지 알맞은 말에 ○표 하세요.

사다리꼴은 평행한 변이 (**한** , **두**) 쌍이라도 있는 사각형입니다.

❸ 위의 도형에는 평행한 변이 있나요?　　(**예** , **아니오**)

❹ 답과 이유를 쓰세요.

도형은 (**사다리꼴입니다** , **사다리꼴이 아닙니다**).

왜냐하면 .... 때문입니다.

한번 더
OK

2

오른쪽 도형은 평행사변형인가요?
그렇게 생각한 이유를 쓰세요.

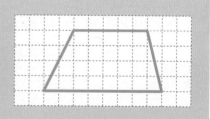

문제읽고
❶ 무엇을 구하는 문제인가요? 구하는 것에 밑줄 치세요.

풀이쓰고
❷ 평행사변형은 어떤 사각형인지 쓰세요.

평행사변형은 .... 사각형입니다.

❸ 위의 도형은 마주 보는 두 쌍의 변이 서로 평행한가요?　　(**예** , **아니오**)

❹ 답과 이유를 쓰세요.

도형은 (**평행사변형입니다** , **평행사변형이 아닙니다**).

왜냐하면 .... 때문입니다.

대표문제

3

평행사변형은 마름모라고 할 수 있나요?
그렇게 생각한 이유를 쓰세요.

문제읽고

❶ 무엇을 구하는 문제인가요? 구하는 것에 밑줄 치세요.

풀이쓰고

❷ 마름모는 어떤 사각형인지 알맞은 말에 ○표 하세요.

마름모는 (**네 변의 길이** , **네 각의 크기**)가 모두 같은 사각형입니다.

❸ 평행사변형은 네 변의 길이가 모두 같은가요?   (**예** , **아니오**)

❹ 답과 이유를 쓰세요.

평행사변형은 마름모라고 할 수 (**있습니다** , **없습니다**).

왜냐하면 평행사변형은 .... 때문입니다.

한번더 OK

4

마름모는 정사각형이라고 할 수 있나요?
그렇게 생각한 이유를 쓰세요.

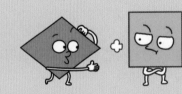

문제읽고

❶ 무엇을 구하는 문제인가요? 구하는 것에 밑줄 치세요.

풀이쓰고

❷ 정사각형은 어떤 사각형인지 쓰세요.

정사각형은 ....

.... 사각형입니다.

❸ 마름모는 네 변의 길이가 모두 같은가요?   (**예** , **아니오**)

마름모는 네 각의 크기가 모두 같은가요?   (**예** , **아니오**)

❹ 답과 이유를 쓰세요.

마름모는 정사각형이라고 할 수 (**있습니다** , **없습니다**).

왜냐하면 마름모는 ....

.... 때문입니다.

1 오른쪽 도형은 정사각형인가요? 그렇게 생각 한 이유를 쓰세요.

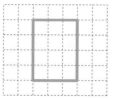

답 ⋯⋯⋯⋯⋯⋯⋯⋯⋯⋯⋯⋯⋯⋯⋯⋯⋯⋯⋯⋯⋯⋯⋯⋯⋯⋯⋯⋯⋯

이유 도형은 네 각의 크기는 ⋯⋯⋯⋯⋯⋯⋯⋯⋯⋯⋯⋯⋯⋯⋯⋯⋯⋯

네 변의 길이는 ⋯⋯⋯⋯⋯⋯⋯⋯⋯⋯⋯⋯⋯⋯⋯⋯⋯⋯⋯⋯⋯

2 평행사변형은 사다리꼴이라고 할 수 있나요? 그렇게 생각한 이유를 쓰세요.

답 ⋯⋯⋯⋯⋯⋯⋯⋯⋯⋯⋯⋯⋯⋯⋯⋯⋯⋯⋯⋯⋯⋯⋯⋯⋯⋯⋯⋯⋯

이유 ⋯⋯⋯⋯⋯⋯⋯⋯⋯⋯⋯⋯⋯⋯⋯⋯⋯⋯⋯⋯⋯⋯⋯⋯⋯⋯⋯⋯⋯

⋯⋯⋯⋯⋯⋯⋯⋯⋯⋯⋯⋯⋯⋯⋯⋯⋯⋯⋯⋯⋯⋯⋯⋯⋯⋯⋯⋯⋯

⋯⋯⋯⋯⋯⋯⋯⋯⋯⋯⋯⋯⋯⋯⋯⋯⋯⋯⋯⋯⋯⋯⋯⋯⋯⋯⋯⋯⋯

3 마름모와 직사각형의 공통점과 차이점을 한 가지씩 쓰세요.

문제읽기 CHECK

☐ 구하는 것에 밑줄!

☐ 비교해야 하는 두 사각형은?

.... 와 ....

답 ❶ 마름모와 직사각형의 공통점을 쓰세요.

....

....

❷ 마름모와 직사각형의 차이점을 쓰세요.

....

....

4 오른쪽 그림과 같이 크기가 다른 직사각형 모양의 종이테이프를 겹쳐 붙였습니다. 겹쳐진 부분은 어떤 사각형이 되는지 쓰고, 그 이유를 쓰세요.

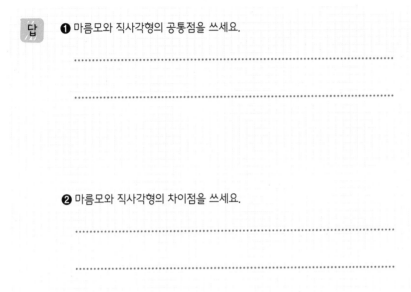

문제읽기 CHECK

☐ 구하는 것에 밑줄, 주어진 것에 ○표!

☐ 종이테이프는 어떤 사각형?

....

답 ....

이유 ....

....

....

변의 길이, 각도 구하기

21 DAY

대표문제

1

오른쪽 도형은 (평행사변형)입니다.
네 변의 길이의 합은 몇 cm일까요?

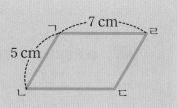

문제읽고 ❶ 구하는 것에 밑줄 치고, 주어진 것에 ○표 하세요.

풀이쓰고 ❷ 변 ㄴㄷ과 변 ㄹㄷ의 길이를 각각 구하세요.

평행사변형은 마주 보는 두 변의 길이가 (**같으므로** , **다르므로**)

(변 ㄴㄷ) = (변 ....) = ... cm, (변 ㄹㄷ) = (변 ....) = ... cm

❸ 평행사변형의 네 변의 길이의 합을 구하세요.

(네 변의 길이의 합) = (변 ㄱㄴ) + (변 ㄴㄷ) + (변 ㄹㄷ) + (변 ....)

= .... = ... (cm)

❹ 답을 쓰세요.

평행사변형의 네 변의 길이의 합은 .... 입니다.

한번더 OK

2

오른쪽 도형은 마름모입니다.
네 변의 길이의 합은 몇 cm일까요?

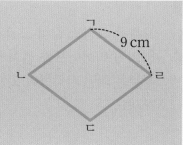

문제읽고 ❶ 구하는 것에 밑줄 치고, 주어진 것에 ○표 하세요.

풀이쓰고 ❷ 네 변의 길이를 각각 구하세요.

마름모는 네 변의 길이가 모두 (**같으므로** , **다르므로**)

(변 ㄱㄴ) = (변 ㄴㄷ) = (변 ㄷㄹ) = (변 ㄹㄱ) = ... cm

❸ 마름모의 네 변의 길이의 합을 구하세요.

(네 변의 길이의 합) = ... = ... (cm)

❹ 답을 쓰세요.

마름모의 네 변의 길이의 합은 .... 입니다.

3

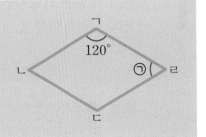

오른쪽 마름모에서 ㉠의 각도를 구하세요.

문제읽고

❶ 구하는 것에 밑줄 치고, 주어진 것에 ○표 하세요.

풀이쓰고

❷ ㉠의 각도를 구하세요.

마름모에서 이웃한 두 각의 크기의 합은 ....˚이므로

㉠ + (각 ㄴㄱㄹ) = ...˚

➡ ㉠ = ...˚ (+ , -) ....˚ = ...˚

❸ 답을 쓰세요.

㉠의 각도는 ....입니다.

4

오른쪽 평행사변형에서 각 ㄱㄷㄹ의 크기를 구하세요.

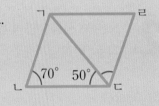

문제읽고

❶ 구하는 것에 밑줄 치고, 주어진 것에 ○표 하세요.

풀이쓰고

❷ 각 ㄴㄷㄹ의 크기를 구하세요.

평행사변형에서 이웃한 두 각의 크기의 합은 ....˚이므로

(각 ㄱㄴㄷ) + (각 ㄴㄷㄹ) = ...˚

➡ (각 ㄴㄷㄹ) = ...˚ (+ , -) ....˚ = ...˚

❸ 각 ㄱㄷㄹ의 크기를 구하세요.

(각 ㄱㄷㄹ) = (각 ㄴㄷㄹ) (+ , -) (각 ㄴㄷㄱ)

= ....˚ (+ , -) ....˚ = ...˚

❹ 답을 쓰세요.

각 ㄱㄷㄹ의 크기는 ....입니다.

1

오른쪽 도형은 평행사변형입니다.
네 변의 길이의 합은 몇 cm일까요?

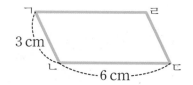

3 cm
6 cm

풀이 ❶ 변 ㄱㄹ과 변 ㄹㄷ의 길이를 각각 구하세요.

평행사변형은 마주 보는 두 변의 길이가 같으므로

(변 ㄱㄹ) = (변 ....) = ... cm이고,

(변 ㄹㄷ) = (변 ....) = ... cm입니다.

❷ 평행사변형의 네 변의 길이의 합을 구하세요.

(네 변의 길이의 합) = ...

= .... (cm)

답 ....

2

오른쪽 평행사변형에서 각 ㄱㄴㄷ의 크
기는 몇 도일까요?

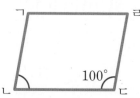

100°

풀이

답 ....

3 사각형 ㄱㄴㄷㄹ은 마름모입니다. 변 ㄴㄷ을 길게 늘였을 때, ㉠의 각도를 구하세요.

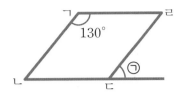

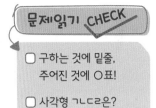

문제읽기 CHECK

☐ 구하는 것에 밑줄, 주어진 것에 ○표!

☐ 사각형 ㄱㄴㄷㄹ은?
....
☐ 각 ㄴㄱㄹ의 크기는?
                    °
....

풀이

답 ....

4 사각형 ㄱㄴㄷㄹ은 평행사변형입니다. 네 변의 길이의 합이 32 cm일 때, 변 ㄱㄹ의 길이는 몇 cm일까요?

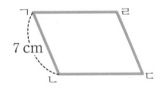

7 cm

문제읽기 CHECK

☐ 구하는 것에 밑줄, 주어진 것에 ○표!

☐ 사각형 ㄱㄴㄷㄹ은?
....
☐ 사각형의 네 변의 길이의 합은?
                 cm
....

풀이

답 ....

문장제 서술형 평가

1 직선 나에 대한 수선은 모두 몇 개인지 구하세요. **(5점)**

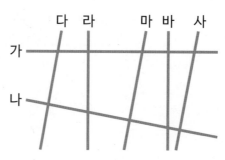

풀이

답 ....

2 직선 가, 나, 다는 서로 평행합니다. 직선 가와 직선 다 사이의 거리는 몇 cm일까요? **(5점)**

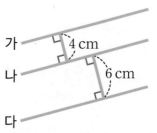

풀이

답 ....

3 오른쪽 도형은 마름모입니다. 네 변의 길이의 합을 구하세요. **(5점)**

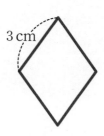

풀이

답 ....

4 오른쪽 도형은 사다리꼴인가요? 그렇게 생각한 이유를 쓰세요. **(5점)**

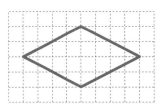

> 답 ....

> 이유 ....

> ....

5 평행사변형과 직사각형의 공통점과 차이점을 한 가지씩 쓰세요. **(6점)**

> 공통점 ....

> ....

> 차이점 ....

> ....

6 사각형 ㄱㄴㄷㄹ은 평행사변형입니다. 네 변의 길이의 합이 30 cm일 때, 변 ㄱㄴ의 길이를 구하세요. **(7점)**

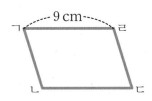

> 풀이

> 답 ....

7 오른쪽 도형에서 찾을 수 있는 크고 작은 평행사변형은 모두 몇 개일까요? **(7점)**

풀이

답 ....

8 오른쪽 그림은 마름모 2개를 겹치지 않게 이어 붙여 만든 도형입니다. 각 ㄴㄷㄹ의 크기를 구하세요. **(8점)**

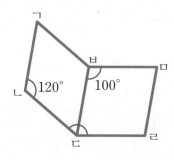

풀이

답 ....

꼭꼭 숨어라

그림자를 찾아 ○표 해 주세요.

꼭꼭 숨어라! 머리카락 보일라!
재미있는 숨바꼭질 놀이 중이에요.
술래인 나는 얼른 친구들을 찾아야 해요.
그런데 저기, 개구쟁이 원숭이와 코끼리의 그림자가 보이는 것 같아요!
어디에 숨었는지 찾아 주세요.

5 다각형

어떻게 공부할까요?

계획대로 공부했나요?
스스로 평가하여
알맞은 표정에 색칠하세요.

교재 날짜	공부할 내용	공부한 날짜	스스로 평가
23일	개념 확인하기	/	😄 🙂 😮
24일	변의 길이, 각도 구하기	/	😄 🙂 😮
25일	대각선	/	😄 🙂 😮
26일	문장제 서술형 평가	/	😄 🙂 😮

정(正)사각형처럼 이름에
정(正)이 붙어 있는 도형은
어떻게 생겼을까?

무엇을 배울까요?

교과서
학습연계도

4-2

4. 사각형
• 수선과 평행선
• 여러 가지 사각형

4-2

6. 다각형
• 다각형, 정다각형
• 대각선

5-1

6. 다각형의 둘레와 넓이
• 넓이의 단위 1 cm², 1 m², 1 km²
• 평면도형의 둘레와 넓이

5-2

5. 직육면체
• 직육면체, 정육면체
• 겨냥도, 전개도

" 지금까지 배운 평면도형을 모아서 정리해 보세요.

평면도형의 이름과 특징을 배우는 마지막 단원이에요.
5, 6학년 때에도 자주 사용되는 용어가 많이 나오므로
각 도형의 이름과 특징을 꼭꼭! 외워두어야 해요.
앞에서 배운 삼각형, 사각형도 같이 정리하여
나만의 평면도형 마인드맵을 만들어 보면 한번에 기억하기 좋겠지요! "

개념 확인하기

다각형

1 빈 곳에 알맞은 말을 써넣으세요.

> 삼각형, 사각형처럼 선분으로만 둘러싸인 도형을
> ....이라고 합니다.

2 다각형을 찾아 ○표 하세요.

 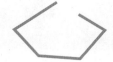

정다각형

3 빈 곳에 알맞은 말을 써넣으세요.

> 변의 길이가 모두 같고, 각의 크기가 모두 같은 다각형을
> ....이라고 합니다.

4 정다각형의 변의 수를 세어 보고, 이름을 쓰세요.

(1)

변의 수 : ....개

이름 : ....

(2)

변의 수 : ....개

이름 : ....

5 정다각형입니다. □ 안에 알맞은 수를 써넣으세요.

(1)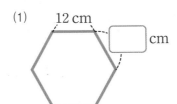

(2)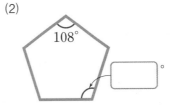

6 빈 곳에 알맞은 말을 써넣으세요.

> 다각형에서 서로 이웃하지 않는 두 꼭짓점을 이은 선분을
> ....이라고 합니다.

7 직사각형에 대각선을 옳게 나타낸 것에 ◯표 하세요.

8 사각형에 대각선을 그어 보고, 알맞은 사각형의 기호를 모두 쓰세요.

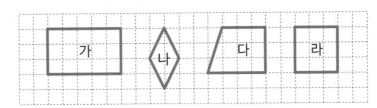

(1) 한 대각선이 다른 대각선을 똑같이 둘로 나누는 사각형

→ ....

(2) 두 대각선이 서로 수직으로 만나는 사각형

→ ....

변의 길이, 각도 구하기

대표 문제

1

한 변이 4 cm 인 정팔각형 모양의 종이가 있습니다.
종이의 모든 변의 길이의 합은 몇 cm일까요?

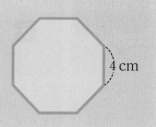

4 cm

문제읽고

❶ 무엇을 구하는 문제인가요? 구하는 것에 밑줄 치세요.

❷ 주어진 것은 무엇인가요? ○표 하고 답하세요.

도형 : ...., 한 변의 길이 : .... cm

풀이쓰고

❸ 정팔각형의 모든 변의 길이의 합을 구하세요.

정팔각형은 변이 .... 개이고, 변의 길이가 모두 (**같습니다** , **다릅니다**).

(모든 변의 길이의 합) = (한 변의 길이) (+ , ×) (변의 수)

= .... (+ , ×) .... = ... (cm)

❹ 답을 쓰세요.

모든 변의 길이의 합은 .... 입니다.

한번 더 OK

2

정오각형의 모든 변의 길이의 합이 60 cm입니다.
정오각형의 한 변의 길이는 몇 cm일까요?

문제읽고

❶ 무엇을 구하는 문제인가요? 구하는 것에 밑줄 치세요.

❷ 주어진 것은 무엇인가요? ○표 하고 답하세요.

도형 : ...., 모든 변의 길이의 합 : .... cm

풀이쓰고

❸ 정오각형의 한 변의 길이를 구하세요.

정오각형은 변이 .... 개이고, 변의 길이가 모두 (**같습니다** , **다릅니다**).

(한 변의 길이) = (모든 변의 길이의 합) (× , ÷) (변의 수)

= .... (× , ÷) .... = ... (cm)

❹ 답을 쓰세요.

정오각형의 한 변의 길이는 .... 입니다.

3

오각형의 다섯 각의 크기의 합은 몇 도일까요?

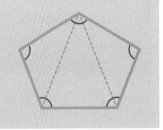

문제읽고
❶ 무엇을 구하는 문제인가요? 구하는 것에 밑줄 치세요.
❷ 삼각형의 세 각의 크기의 합은 몇 도인가요? ....°

풀이쓰고
❸ 오각형은 몇 개의 삼각형으로 나눌 수 있나요? ....개
❹ 오각형의 다섯 각의 크기의 합을 구하세요.

(오각형의 다섯 각의 크기의 합) = (삼각형의 세 각의 크기의 합) × (삼각형의 수)

= ....° × ....= ....°

❺ 답을 쓰세요.

오각형의 다섯 각의 크기의 합은 ....입니다.

4

정육각형의 한 각의 크기는 몇 도일까요?

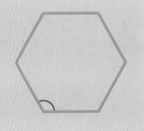

문제읽고
❶ 무엇을 구하는 문제인가요? 구하는 것에 밑줄 치세요.

풀이쓰고
❷ 정육각형은 몇 개의 삼각형으로 나눌 수 있나요? ....개
❸ 정육각형의 여섯 각의 크기의 합을 구하세요.

(정육각형의 여섯 각의 크기의 합) = (삼각형의 세 각의 크기의 합) × (삼각형의 수)

= ....° × ....= ....°

❹ 정육각형의 한 각의 크기를 구하세요.

정육각형은 6개의 각의 크기가 모두 같으므로

(한 각의 크기) = ...° ÷ ....= ....°

❺ 답을 쓰세요.   정육각형의 한 각의 크기는 ....입니다.

1 찬성이는 한 변의 길이가 100 m인 정육각형 모양의 호수 둘레를 한 바퀴 달렸습니다. 찬성이가 달린 거리는 몇 m일까요?

문제읽기 CHECK

☐ 구하는 것에 밑줄,
　주어진 것에 ○표!

☐ 도형은?

　..................

☐ 한 변의 길이는?

　..................m

풀이 찬성이가 달린 거리는 정육각형의 모든 변의 길이의 합과 같고,

정육각형은 ....개의 변의 길이가 모두 (**같으므로** , **다르므로**)

(찬성이가 달린 거리)

= (한 변의 길이) × (정육각형의 변의 수)

= ....

= .... (m)

답 ....

2 길이가 96 cm인 철사를 겹치지 않게 모두 사용하여 정팔각형 모양을 만들었습니다. 정팔각형의 한 변의 길이는 몇 cm일까요?

문제읽기 CHECK

☐ 구하는 것에 밑줄,
　주어진 것에 ○표!

☐ 도형은?

　..................

☐ 철사의 길이는?

　..................cm

풀이

답 ....

3 칠각형의 일곱 각의 크기의 합은 몇 도일까요?

문제읽기 CHECK

☐ 구하는 것에 밑줄!

☐ 도형은?

....

☐ 삼각형의 세 각의 크기의 합은?

°
....

풀이 ❶ 위의 칠각형을 삼각형으로 나누세요.

❷ 칠각형의 모든 각의 크기의 합을 구하세요.

답 ....

4 정팔각형의 한 각의 크기는 몇 도일까요?

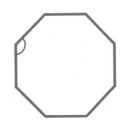

문제읽기 CHECK

☐ 구하는 것에 밑줄!

☐ 도형은?

....

풀이 ❶ 위의 정팔각형을 삼각형으로 나누고, 정팔각형의 모든 각의 크기의 합을 구하세요.

❷ 정팔각형의 한 각의 크기를 구하세요.

답 ....

대표문제

1

두 도형에 그을 수 있는 <u>대각선 수의 합</u>을 구하세요.

문제읽고

❶ 무엇을 구하는 문제인가요? 구하는 것에 밑줄 치세요.

❷ 대각선은 무엇인가요? 알맞은 말에 ○표 하세요.

　다각형에서 서로 (**이웃하는** , **이웃하지 않는**) 두 꼭짓점을 이은 선분

풀이쓰고

❸ 도형에 대각선을 긋고, 각각의 대각선의 수를 구하세요.

→ ....개　　　　　 → ....개

❹ 대각선 수의 합을 구하세요.

　(대각선 수의 합) = ... (+ , −) .... = ...(개)

❺ 답을 쓰세요.　두 도형에 그을 수 있는 대각선 수의 합은 ....입니다.

한번 더 OK

2

사각형과 육각형에 그을 수 있는 대각선 수의 차를 구하세요.

문제읽고

❶ 구하는 것에 밑줄 치고, 주어진 것에 ○표 하세요.

풀이쓰고

❷ 위의 두 도형에 대각선을 긋고, 각각의 대각선의 수를 구하세요.

　사각형에 그을 수 있는 대각선은 ....개이고,

　육각형에 그을 수 있는 대각선은 ....개입니다.

❸ 대각선 수의 차를 구하세요.

　(대각선 수의 차) = ... (+ , −) .... = ...(개)

❹ 답을 쓰세요.　두 도형에 그을 수 있는 대각선 수의 차는 ....입니다.

대표
문제

3

사각형 ㄱㄴㄷㄹ은 (정사각형)입니다.
선분 ㄱㄷ의 길이를 구하세요.

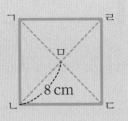

문제읽고

❶ 구하는 것에 밑줄 치고, 주어진 것에 ○표 하세요.
❷ 위의 그림에 선분 ㄱㄷ을 표시하세요.

풀이쓰고

❸ 선분 ㄴㄹ의 길이를 구하세요.
   정사각형의 한 대각선은 다른 대각선을 똑같이 둘로 나누므로
   (선분 ㄴㄹ) = (선분 ㄴㅁ) × .... = ... = ... (cm)

❹ 선분 ㄱㄷ의 길이를 구하세요.
   정사각형의 두 대각선의 길이는 서로 (**같으므로** , **다르므로**)
   (선분 ㄱㄷ) = (선분 ....) = ... cm

❺ 답을 쓰세요.   선분 ㄱㄷ의 길이는 ....입니다.

한번 더
OK

4

사각형 ㄱㄴㄷㄹ은 직사각형입니다.
선분 ㄴㅁ의 길이를 구하세요.

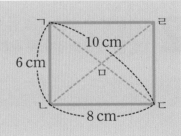

문제읽고

❶ 구하는 것에 밑줄 치고, 주어진 것에 ○표 하세요.
❷ 위의 그림에 선분 ㄴㅁ을 표시하세요.

풀이쓰고

❸ 선분 ㄴㄹ의 길이를 구하세요.
   직사각형의 두 대각선의 길이는 서로 (**같으므로** , **다르므로**)
   (선분 ㄴㄹ) = (선분 ....) = ... cm

❹ 선분 ㄴㅁ의 길이를 구하세요.
   직사각형의 한 대각선은 다른 대각선을 똑같이 둘로 나누므로
   (선분 ㄴㅁ) = (선분 ㄴㄹ) ÷ .... = ... = ... (cm)

❺ 답을 쓰세요.   선분 ㄴㅁ의 길이는 ....입니다.

1 두 도형에 그을 수 있는 대각선은 모두 몇 개일까요?

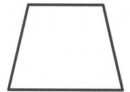 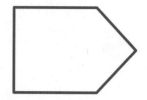

문제읽기 CHECK

☐ 구하는 것에 밑줄!

☐ 대각선은?
  서로 이웃하지 않는
  두 ....을 이은
  선분

풀이

❶ 위의 두 도형에 대각선을 그어 보세요.

❷ 두 도형에 그을 수 있는 대각선의 수를 구하세요.

사각형에 그을 수 있는 대각선은 ....개이고,

오각형에 그을 수 있는 대각선은 ....개이므로

두 도형에 그을 수 있는 대각선은 모두

.... = ...(개)입니다.

답 ....

---

2 사각형 ㄱㄴㄷㄹ은 직사각형입니다.
선분 ㄱㅁ의 길이를 구하세요.

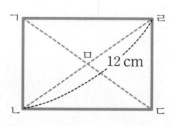

문제읽기 CHECK

☐ 구하는 것에 밑줄,
  주어진 것에 ○표!

☐ 왼쪽 그림에 선분 ㄱㅁ을
  표시!

☐ 도형은?

  ....

☐ 선분 ㄴㄹ의 길이는?
  .... cm

풀이 직사각형의 두 대각선의 길이는 ....

(선분 ㄱㄷ) = (선분 ....) = ... cm

직사각형의 한 대각선은 다른 대각선을

....

(선분 ㄱㅁ) = ... = ... (cm)

답 ....

3 사각형 ㄱㄴㄷㄹ은 평행사변형입니다. 두 대각선의 길이의 합을 구하세요.

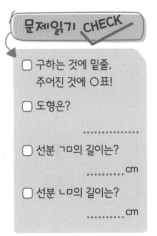

풀이 **❶** 두 대각선의 길이를 각각 구하세요.

❷ 두 대각선의 길이의 합을 구하세요.

답 ....

4 다음을 모두 만족하는 도형에 그을 수 있는 대각선은 모두 몇 개일까요?

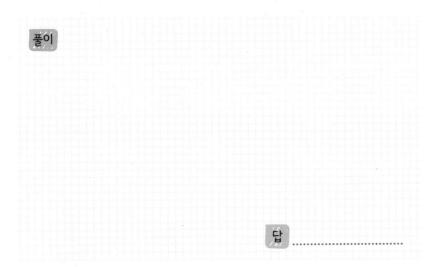

풀이

답 ....

26 DAY 문장제 서술형 평가

1 오른쪽 도형은 정다각형인가요? 그렇게 생각한 이
유를 쓰세요. **(5점)**

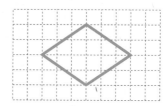

답 ....

이유 ....

....

2 한 변의 길이가 7 cm인 정십각형의 모든 변의 길이의 합은 몇 cm일까요? **(5점)**

 풀이

답 ....

3 정오각형의 모든 변의 길이의 합이 40 cm입니다. 정오각형의 한 변의 길이는 몇
cm일까요? **(5점)**

 풀이

답 ....

4 그을 수 있는 대각선의 수가 많은 것부터 순서대로 기호를 쓰세요. **(5점)**

가    나 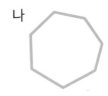   다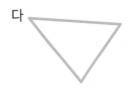

풀이

답 ....

5 5개의 선분으로 둘러싸인 다각형에 그을 수 있는 대각선은 모두 몇 개일까요? **(6점)**

풀이

답 ....

6 오른쪽 도형은 마름모입니다. 두 대각선의 길이의 차를 구하세요. **(6점)**

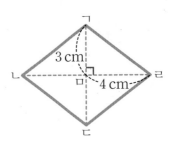

풀이

답 ....

7 정오각형의 한 각의 크기를 구하세요. **(8점)**

풀이

답 ....

8 두 정다각형의 모든 변의 길이의 합은 같습니다. 정육각형의 한 변의 길이는 몇 cm
일까요? **(8점)**

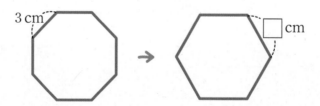

3 cm   →   ☐ cm

풀이

답 ....

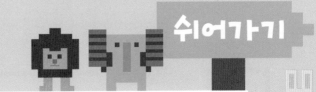
조각을 맞추어요

퍼즐을 맞추는 데 필요한 두 조각을 찾아 주세요.

앗, 누나가 맞추어 놓은 다이아몬드 모양의 퍼즐을 떨어뜨렸어요.
처음과 똑같은 모양이 되려면 어떤 두 조각을 이어 붙여야 할까요?
누나에게 들키지 않도록 친구들이 도와 주세요.

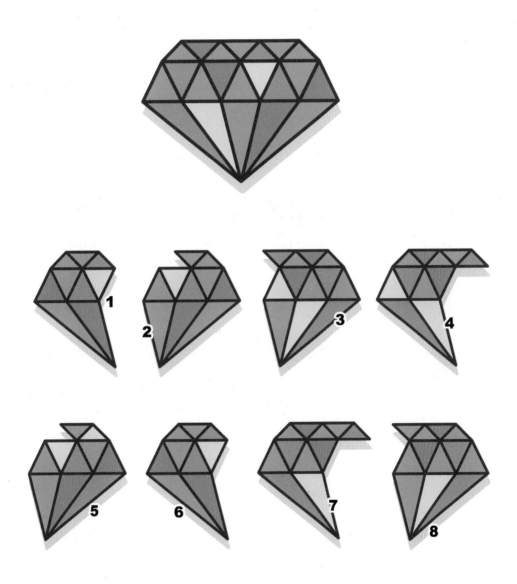

8권 끝!
9권에서 만나요

앗!

본책의 정답과 풀이를 분실하셨나요?
길벗스쿨 홈페이지에 들어오시면
내려받으실 수 있습니다.
http://school.gilbut.co.kr/

길벗스쿨

기적의 수학 문장제!

정답 풀이

초등 4학년

8 권

정답과 풀이

1. 분수의 덧셈과 뺄셈 ⋯⋯⋯⋯⋯⋯ 2

2. 삼각형 ⋯⋯⋯⋯⋯⋯⋯⋯⋯⋯⋯ 9

3. 소수의 덧셈과 뺄셈 ⋯⋯⋯⋯⋯⋯ 14

4. 사각형 ⋯⋯⋯⋯⋯⋯⋯⋯⋯⋯⋯ 22

5. 다각형 ⋯⋯⋯⋯⋯⋯⋯⋯⋯⋯⋯ 28

1. 분수의 덧셈과 뺄셈

1 DAY 개념 확인하기

월 일

진분수의 덧셈

1 그림을 보고 분수의 덧셈을 하세요.

0   1   2

$$\frac{2}{4}+\frac{3}{4}=\frac{2+3}{4}=\frac{5}{4}=1\frac{1}{4}$$

2 계산해 보세요.

(1) $\frac{4}{7}+\frac{2}{7}=\frac{6}{7}$ (2) $\frac{4}{8}+\frac{1}{8}=\frac{5}{8}$

(3) $\frac{3}{6}+\frac{5}{6}=1\frac{2}{6}\left(=\frac{8}{6}\right)$ (4) $\frac{7}{9}+\frac{5}{9}=1\frac{3}{9}\left(=\frac{12}{9}\right)$

대분수의 덧셈

3 계산해 보세요.

(1) $2\frac{3}{8}+1\frac{1}{8}=3\frac{4}{8}$ (2) $3\frac{5}{9}+1\frac{3}{9}=4\frac{8}{9}$

(3) $1\frac{2}{3}+\frac{5}{3}=3\frac{1}{3}$ (4) $2\frac{6}{10}+4\frac{7}{10}=7\frac{3}{10}$

4 계산 결과를 비교하여 ○ 안에 >, =, <를 알맞게 써넣으세요.

(1) $1\frac{3}{4}+\frac{3}{4}$ ⬤< $\frac{5}{4}+\frac{6}{4}$

(2) $4\frac{1}{5}+3\frac{2}{5}$ ⬤> $2\frac{4}{5}+4\frac{3}{5}$

진분수의 뺄셈

5 수직선을 보고 분수의 뺄셈을 하세요.

$\frac{4}{5}$

0    $\frac{3}{5}$ 1

$$\frac{4}{5}-\frac{3}{5}=\frac{4-3}{5}=\frac{1}{5}$$

6 □ 안에 알맞은 수를 써넣으세요.

$$3-\frac{2}{7}=\frac{21}{7}-\frac{2}{7}=\frac{19}{7}=2\frac{5}{7}$$

7 계산해 보세요.

(1) $\frac{2}{3}-\frac{1}{3}=\frac{1}{3}$ (2) $\frac{8}{11}-\frac{5}{11}=\frac{3}{11}$

(3) $1-\frac{2}{6}=\frac{4}{6}$ (4) $2-\frac{3}{4}=1\frac{1}{4}$

대분수의 뺄셈

8 계산해 보세요.

(1) $2\frac{4}{5}-1\frac{3}{5}=1\frac{1}{5}$ (2) $3\frac{5}{10}-1\frac{8}{10}=1\frac{7}{10}$

(3) $5-1\frac{4}{9}=3\frac{5}{9}$ (4) $3-2\frac{3}{8}=\frac{5}{8}$

9 빈칸에 알맞은 대분수를 써넣으세요.

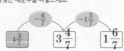

2 DAY 분수의 덧셈

대표문제 1

색 테이프를 동진이는 $\frac{2}{9}$ m, 영찬이는 $\frac{5}{9}$ m 가지고 있습니다.
두 사람이 가지고 있는 색 테이프는 모두 몇 m일까요?

문제읽고
❶ 무엇을 구하는 문제인가요? 구하는 것에 밑줄 치세요.
❷ 주어진 것은 무엇인가요? ○표 하고 답하세요.
동진이 색 테이프의 길이 : $\frac{2}{9}$ m, 영찬이 색 테이프의 길이 : $\frac{5}{9}$ m

풀이쓰고
❸ 식을 쓰세요.

생략된 식은 ○표 하세요

(색 테이프 길이의 합) = (동진이 색 테이프의 길이) (+) (영찬이 색 테이프의 길이)
$= \frac{2}{9}$ (+) $\frac{5}{9} = \frac{7}{9}$ (m)

❹ 답을 쓰세요.
두 사람이 가지고 있는 색 테이프는 모두 ____ 입니다.

단위 쓰기

$$\frac{7}{9} \text{ m}$$

확인! OK 2

등산로 입구에서 폭포까지의 거리는 $1\frac{8}{10}$ km이고,
폭포에서 정상까지의 거리는 $1\frac{3}{10}$ km입니다.
등산로 입구에서 폭포를 지나 정상까지의 거리는 몇 km일까요?

문제읽고
❶ 무엇을 구하는 문제인가요? 구하는 것에 밑줄 치세요.
❷ 주어진 것은 무엇인가요? ○표 하고 답하세요.
입구에서 폭포까지의 거리 : $1\frac{8}{10}$ km, 폭포에서 정상까지의 거리 : $1\frac{3}{10}$ km

풀이쓰고
❸ 식을 쓰세요.
(입구~폭포~정상의 거리) = (입구~폭포의 거리) (+) (폭포~정상의 거리)
$= 1\frac{8}{10}$ (+) $1\frac{3}{10} = 3\frac{1}{10}$ (km)

❹ 답을 쓰세요.
등산로 입구에서 폭포를 지나 정상까지의 거리는 ____ 입니다.

$$3\frac{1}{10} \text{ km}$$

16쪽

대표문제 3

㉮ 자동차는 ㉯ 자동차보다 한 시간에 $2\frac{3}{6}$ km를 더 달립니다.
㉯ 자동차가 한 시간에 $65\frac{2}{6}$ km를 달린다면
㉮ 자동차는 한 시간에 몇 km를 달릴까요?

문제읽고
❶ 무엇을 구하는 문제인가요? 구하는 것에 밑줄 치세요.
❷ 주어진 것은 무엇인가요? ○표 하고 답하세요.

생략된 말에 ○표 하세요.

㉮ 자동차가 한 시간에 달리는 거리는
㉯ 자동차가 달리는 거리 $65\frac{2}{6}$ km보다 $2\frac{3}{6}$ km 더 (짧습니다, 깁니다).

풀이쓰고
❸ 식을 쓰세요.
(㉮ 자동차가 한 시간에 달리는 거리)
= (㉯ 자동차가 한 시간에 달리는 거리) (+) (더 달리는 거리)
$= 65\frac{2}{6}$ (+) $2\frac{3}{6} = 67\frac{5}{6}$ (km)

❹ 답을 쓰세요. ㉮ 자동차는 한 시간에 ____ 를 달립니다.

$$67\frac{5}{6} \text{ km}$$

한단계 UP 4

영주는 꽃을 접는 데 색종이 $\frac{3}{4}$ 장을 사용하고,
잎을 접는 데는 꽃을 접을 때보다 $\frac{2}{4}$ 장을 더 많이 사용하였습니다.
영주가 꽃과 잎을 접는 데 사용한 색종이는 모두 몇 장일까요?

문제읽고
❶ 무엇을 구하는 문제인가요? 구하는 것에 밑줄 치세요.
❷ 주어진 것은 무엇인가요? ○표 하고 답하세요.
잎을 접는 데 사용한 색종이는 $\frac{3}{4}$ 장보다 $\frac{2}{4}$ 장 더 (적습니다, 많습니다).
꽃을 접는 데 사용한 색종이

풀이쓰고
❸ 잎을 접는 데 사용한 색종이의 수를 구하세요.
(잎을 접는 데 사용한 색종이의 수) $= \frac{3}{4}$ (+) $\frac{2}{4} = 1\frac{1}{4}$ (장)

❹ 꽃과 잎을 접는 데 사용한 색종이의 수를 구하세요.
(꽃과 잎을 접는 데 사용한 색종이의 수) $= \frac{3}{4}$ (+) $1\frac{1}{4} = 2$ (장)

❺ 답을 쓰세요. 꽃과 잎을 접는 데 사용한 색종이는 모두 **2장** 입니다.

17쪽

문장제 실력쌓기 1

1 어머니께서 파이를 만드는 데 호두 $\frac{3}{8}$ kg을 사용하고, 멸치볶음을 만드는 데 호두 $\frac{2}{8}$ kg을 사용하였습니다. 어머니께서 사용한 호두는 모두 몇 kg일까요?

문제읽기 CHECK
☐ 구하는 것에 밑줄.
☐ 주어진 것에 ○표!
☐ 사용한 호두?
파이 ▼ kg $\frac{3}{8}$
멸치볶음 ▲ kg $\frac{2}{8}$

풀이 (어머니께서 사용한 호두의 양)
= (파이를 만드는 데 사용한 호두의 양)
(+) (멸치볶음을 만드는 데 사용한 호두의 양)
$= \frac{3}{8} + \frac{2}{8}$
$= \frac{5}{8}$ (kg)

답 $\frac{5}{8}$ kg

2 준서는 동화책을 어제는 $1\frac{1}{5}$ 시간 오늘은 $1\frac{2}{5}$ 시간 읽었습니다. 준서가 어제와 오늘 동화책을 읽은 시간은 모두 몇 시간일까요?

문제읽기 CHECK
☐ 구하는 것에 밑줄.
주어진 것에 ○표!
☐ 동화책을 읽은 시간은?
어제 ▼ 시간 $1\frac{1}{5}$
오늘 ▲ 시간 $1\frac{2}{5}$

풀이 (동화책을 읽은 시간)
= (어제 읽은 시간) + (오늘 읽은 시간)
$= 1\frac{1}{5} + 1\frac{2}{5}$
$= 2\frac{3}{5}$ (시간)

답 $2\frac{3}{5}$ 시간

18쪽

3 경민이는 우유를 $\frac{5}{7}$ L 마셨고, 태환이는 경민이보다 $\frac{4}{7}$ L 더 많이 마셨습니다. 태환이가 마신 우유는 몇 L일까요?

문제읽기 CHECK
☐ 구하는 것에 밑줄.
주어진 것에 ○표!
☐ 경민이가 마신 우유는?
▼ L $\frac{5}{7}$
☐ 태환이가 마신 우유는?
경민이보다 ▲ L $\frac{4}{7}$
더 많이 마셨다.

풀이
(태환이가 마신 우유)
= (경민이가 마신 우유) + (더 마신 우유)
$= \frac{5}{7} + \frac{4}{7} = \frac{9}{7} = 1\frac{2}{7}$ (L)

답 $1\frac{2}{7}$ L $\left(= \frac{9}{7} \text{ L}\right)$

4 예림이네 집의 벽시계는 하루에 $1\frac{1}{2}$ 분씩 빨리 갑니다. 1일 오전 9시에 벽시계를 정확하게 맞추어 놓았다면 3일 오전 9시에 벽시계가 가리키는 시각은 몇 시 몇 분일까요?

문제읽기 CHECK
☐ 구하는 것에 밑줄.
주어진 것에 ○표!
☐ 벽시계가 빨리 가는 시간은?
하루에 ▼ 분 $1\frac{1}{2}$
☐ 벽시계를 정확히 맞춘 때는?
▲ 1 일 오전 9 시

풀이 ❶ 1일 오전 9시부터 3일 오전 9시까지는 며칠인지 구하세요.
$3 - 1 = 2$(일)

❷ 3일 오전 9시에 벽시계는 정확한 시각보다 얼마나 더 빠른지 구하세요.
하루에 $1\frac{1}{2}$ 분씩 빨리 가므로
2일 후에는 $1\frac{1}{2} + 1\frac{1}{2} = 2\frac{2}{2} = 3$(분) 더 빠릅니다.

❸ 3일 오전 9시에 벽시계가 가리키는 시각을 구하세요.
9시 + 3분 = 9시 3분

답 9시 3분

19쪽

3 DAY 분수의 뺄셈

1 양동이에 물이 $\frac{8}{10}$ L 들어 있었습니다.
그중에서 $\frac{5}{10}$ L의 물을 사용했다면
양동이에 남아 있는 물은 몇 L일까요?

문제읽고
❶ 무엇을 구하는 문제인가요? 구하는 것에 밑줄 치세요.
❷ 주어진 것은 무엇인가요? ○표 하고 답하세요.
양동이에 들어 있던 물: $\frac{8}{10}$ L, 사용한 물: $\frac{5}{10}$ L

풀이쓰고
❸ 식을 쓰세요.
(남아 있는 물의 양) = (들어 있던 물의 양) (+ ⊖) (사용한 물의 양)
$= \frac{8}{10}$ (+ ⊖) $\frac{5}{10} = \frac{3}{10}$ (L)

❹ 답을 쓰세요.
양동이에 남아 있는 물은 　　　입니다.
$\frac{3}{10}$ L

한번더 OK

2 은수가 가지고 있는 막대의 길이는 3 m이고,
정태가 가지고 있는 막대의 길이는 $1\frac{7}{9}$ m입니다.
누가 가지고 있는 막대가 몇 m 더 길까요?

문제읽고
❶ 무엇을 구하는 문제인가요? 구하는 것에 밑줄 치세요.
❷ 주어진 것은 무엇인가요? ○표 하고 답하세요.
은수의 막대: 3 m, 정태의 막대: $1\frac{7}{9}$ m

풀이쓰고
❸ 누구의 막대가 더 긴지 구하세요.
크기를 비교하여 >, < 나타내요.
$3 > 1\frac{7}{9}$ 이므로 (은수, 정태)의 막대가 더 깁니다.

❹ 긴 막대가 짧은 막대보다 몇 m 더 긴지 구하세요.
(막대 길이의 차) $= 3 - 1\frac{7}{9} = 1\frac{2}{9}$ (m)

❺ 답을 쓰세요.
은수 가 가지고 있는 막대가 　　　더 깁니다.
$1\frac{2}{9}$ m

20쪽

---

3 한별이가 주운 밤은 승미가 주운 밤보다 $1\frac{2}{8}$ kg 더 적습니다.
승미가 주운 밤이 $4\frac{1}{8}$ kg이라면 한별이가 주운 밤은 몇 kg일까요?

문제읽고
❶ 무엇을 구하는 문제인가요? 구하는 것에 밑줄 치세요.
❷ 주어진 것은 무엇인가요? ○표 하고 답하세요.
한별이가 주운 밤은
승미가 주운 밤 $4\frac{1}{8}$ kg보다 $1\frac{2}{8}$ kg 더 (적습니다, 많습니다).

풀이쓰고
❸ 식을 쓰세요.
(한별이가 주운 밤의 무게) = (승미가 주운 밤의 무게) (+ ⊖) (더 적게 주운 무게)
$= 4\frac{1}{8}$ (+ ⊖) $1\frac{2}{8} = 2\frac{7}{8}$ (kg)

❹ 답을 쓰세요. 한별이가 주운 밤은 　　　입니다.
$2\frac{7}{8}$ kg

한단계 UP

4 시헌이는 국어를 $1\frac{4}{6}$ 시간 동안 공부하고,
수학을 국어보다 $\frac{3}{6}$ 시간 더 짧게 공부했습니다.
시헌이가 국어와 수학을 공부한 시간은 모두 몇 시간일까요?

문제읽고
❶ 무엇을 구하는 문제인가요? 구하는 것에 밑줄 치세요.
❷ 주어진 것은 무엇인가요? ○표 하고 답하세요.
수학을 공부한 시간은
국어를 공부한 $1\frac{4}{6}$ 시간보다 $\frac{3}{6}$ 시간 더 (짧습니다, 깁니다).

풀이쓰고
❸ 수학을 공부한 시간을 구하세요.
(수학을 공부한 시간) $= 1\frac{4}{6}$ (+ ⊖) $\frac{3}{6} = 1\frac{1}{6}$ (시간)

❹ 국어와 수학을 공부한 시간을 구하세요.
(국어와 수학을 공부한 시간) = (국어를 공부한 시간) (+ -) (수학을 공부한 시간)
$= 1\frac{4}{6}$ (+ -) $1\frac{1}{6} = 2\frac{5}{6}$ (시간)

❺ 답을 쓰세요. 국어와 수학을 공부한 시간은 모두 　　　입니다.
$2\frac{5}{6}$ 시간

21쪽

문장제 실력쌓기 2

1 부침개를 만드는 데 밀쌀가루를 $3\frac{1}{6}$ 컵 넣었습니다. 찹쌀가루를 밀가루보다 $\frac{3}{6}$ 컵 더 적게 넣으려면 찹쌀가루를 몇 컵 넣어야 할까요?

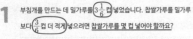

풀이 (찹쌀가루의 양) = (밀가루의 양) (+ ⊖) (더 적게 넣는 양)

$= 2\frac{4}{6}$ (컵) $\quad 3\frac{1}{6} - \frac{3}{6}$

문제읽기 CHECK
□ 구하는 것에 밑줄, 주어진 것에 ○표!
□ 밀가루는? ……… $3\frac{1}{6}$ 컵
□ 찹쌀가루는? 밀가루보다 $\frac{3}{6}$ 컵 더 적게 넣는다.

답 $2\frac{4}{6}$ 컵

2 은혜와 윤수가 운동장을 한 바퀴씩 달렸것입니다. 운동장 한 바퀴를 도는 데 은혜는 $4\frac{3}{4}$ 분, 윤수는 $4\frac{1}{4}$ 분 걸렸습니다. 누가 몇 분 더 빨리 달렸을까요?

풀이 ❶ 누가 더 빨리 달렸는지 구하세요.
$4\frac{3}{4} > 4\frac{1}{4}$ 이므로 윤수가 더 빨리 달렸습니다.

문제읽기 CHECK
□ 구하는 것에 밑줄, 주어진 것에 ○표!
□ 운동장 한 바퀴 도는 데 걸린 시간은?
은혜 ……… 분 $4\frac{3}{4}$
윤수 ……… 분 $4\frac{1}{4}$

❷ 몇 분 더 빨리 달렸는지 구하세요.
(시간 차) = (은혜가 걸린 시간) - (윤수가 걸린 시간)
$= 4\frac{3}{4} - 4\frac{1}{4} = \frac{2}{4}$ (분)

답 윤수, $\frac{2}{4}$ 분

22쪽

---

3 분식집에서 $2\frac{5}{10}$ L짜리 식용유를 새로 꺼내서 어제 $\frac{7}{10}$ L를 사용하고, 오늘 $\frac{9}{10}$ L를 사용하였습니다. 남은 식용유는 몇 L일까요?

풀이 ❶ 어제와 오늘 사용한 식용유의 양을 구하세요.
(사용한 식용유)
= (어제 사용한 식용유) + (오늘 사용한 식용유)
$= \frac{7}{10} + \frac{9}{10} = \frac{16}{10} = 1\frac{6}{10}$ (L)

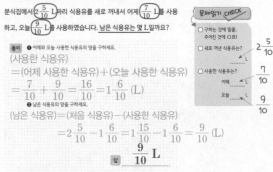

문제읽기 CHECK
□ 구하는 것에 밑줄, 주어진 것에 ○표!
□ 새로 꺼낸 식용유는? $2\frac{5}{10}$ L
□ 사용한 식용유는? 어제 ……… $\frac{7}{10}$ L 오늘 ……… $\frac{9}{10}$ L

❷ 남은 식용유의 양을 구하세요.
(남은 식용유) = (처음 식용유) - (사용한 식용유)
$= 2\frac{5}{10} - 1\frac{6}{10} = 1\frac{15}{10} - 1\frac{6}{10} = \frac{9}{10}$ (L)

답 $\frac{9}{10}$ L

4 빵 한 개를 만드는 데 밀가루가 $1\frac{2}{5}$ kg 필요합니다. 밀가루 5 kg으로 만들 수 있는 빵은 몇 개이고, 남는 밀가루는 몇 kg일까요?

풀이 ❶ 만들 수 있는 빵의 수를 구하세요.
(빵 2개) $= 1\frac{2}{5} + 1\frac{2}{5} = 2\frac{4}{5}$ (kg)
(빵 3개) $= 2\frac{4}{5} + 1\frac{2}{5} = 3\frac{6}{5} = 4\frac{1}{5}$ (kg)
(빵 4개) $= 4\frac{1}{5} + 1\frac{2}{5} = 5\frac{3}{5}$ (kg) > 5 kg

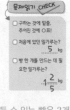

문제읽기 CHECK
□ 구하는 것에 밑줄, 주어진 것에 ○표!
□ 처음에 있던 밀가루는? 5 kg
□ 빵 한 개를 만드는 데 필요한 밀가루는? $1\frac{2}{5}$ kg

따라서 밀가루 5 kg으로 만들 수 있는 빵은 3개입니다.
❷ 남는 밀가루의 양을 구하세요.
(남는 밀가루)
= (처음에 있던 밀가루) - (빵 3개를 만드는 데 필요한 밀가루)
$= 5 - 4\frac{1}{5} = \frac{4}{5}$ (kg)

답 3개, $\frac{4}{5}$ kg

23쪽

4 DAY 어떤 수 구하기

대표문제 1

연정이는 선물을 포장하는 데 테이프를 $1\frac{4}{5}$ m 사용하였습니다.
남은 테이프가 $4\frac{2}{5}$ m라면
연정이가 처음에 가지고 있던 테이프는 몇 m였을까요?

문제읽고 ❶ 구하는 것에 밑줄 치고, 주어진 것에 ○표 하세요.

풀이쓰고 ❷ 처음에 가지고 있던 테이프의 길이를 □ m라고 하여 식을 만들고, □를 구하세요.

처음에 가지고 있던 테이프에서 $1\frac{4}{5}$ m를 사용했더니 $4\frac{2}{5}$ m가 남았습니다.

→ 식 $\square - 1\frac{4}{5} = 4\frac{2}{5}$

→ 계산 $\square = 4\frac{2}{5} \;(+)\; 1\frac{4}{5} = 6\frac{1}{5}$

❸ 답을 쓰세요.

연정이가 처음에 가지고 있던 테이프는 _____ 입니다.

$$6\frac{1}{5} \text{ m}$$

대표문제 2

승균이는 방학 때 몸무게가 $2\frac{1}{4}$ kg 늘어 34 kg이 되었습니다.
방학 전 승균이의 몸무게는 몇 kg이었을까요?

문제읽고 ❶ 구하는 것에 밑줄 치고, 주어진 것에 ○표 하세요.

풀이쓰고 ❷ 방학 전 몸무게를 □ kg이라고 하여 식을 만들고, □를 구하세요.

방학 전 몸무게에서 $2\frac{1}{4}$ kg 늘어 34 kg이 되었습니다.

→ 식 $\square + 2\frac{1}{4} = 34$

→ 계산 $\square = 34 \;(-)\; 2\frac{1}{4} = 31\frac{3}{4}$

❸ 답을 쓰세요.

방학 전 승균이의 몸무게는 _____ 이었습니다.

$$31\frac{3}{4} \text{ kg}$$

대표문제 3

어떤 수에 $2\frac{5}{6}$ 를 더했더니 $4\frac{1}{6}$이 되었습니다.
어떤 수는 얼마일까요?

문제읽고 ❶ 구하는 것에 밑줄 치고, 주어진 것에 ○표 하세요.

풀이쓰고 ❷ 어떤 수를 □라고 하여 식을 만들고, 어떤 수 □를 구하세요.

어떤 수에 $2\frac{5}{6}$ 를 더했더니 $4\frac{1}{6}$이 되었습니다.

→ 식 $\square + 2\frac{5}{6} = 4\frac{1}{6}$

→ 계산 $\square = 4\frac{1}{6} \;(-)\; 2\frac{5}{6} = 1\frac{2}{6}$

❸ 답을 쓰세요.

어떤 수는 _____ 입니다.

$$1\frac{2}{6}$$

한단계 UP 4

어떤 수에 $1\frac{7}{8}$ 을 더해야 할 것을 잘못하여 뺐더니 $3\frac{2}{8}$가 되었습니다.
바르게 계산하면 얼마일까요?

문제읽고 ❶ 구하는 것에 밑줄 치고, 주어진 것에 ○표 하세요. $1\frac{7}{8}$

풀이쓰고 ❷ 어떤 수를 □라고 하여 잘못 계산한 식을 만들고, 어떤 수 □를 구하세요.

어떤 수에서 ___ 을 뺐더니 ___ 가 되었습니다. $3\frac{2}{8}$

→ 식 $\square - 1\frac{7}{8} = 3\frac{2}{8}$

→ 계산 $\square = 3\frac{2}{8} + 1\frac{7}{8} = 5\frac{1}{8}$

❸ 바르게 계산하세요.

어떤 수에 $1\frac{7}{8}$ 을 (더합니다 / 뺍니다.)

→ 계산 $5\frac{1}{8} + 1\frac{7}{8} = 7$

❹ 답을 쓰세요.

바르게 계산하면 _____ 입니다.   7

문장제 실력쌓기 3

1

어머니께서 장바구니에 돼지고기 $3\frac{5}{7}$ kg을 넣었더니 장바구니의 무게가 $5\frac{2}{7}$ kg이 되었습니다. 돼지고기를 넣기 전 장바구니의 무게는 몇 kg이었을까요?

풀이 돼지고기를 넣기 전 장바구니의 무게를 □ kg이라고 하면

$\square \;(+)\; 3\frac{5}{7} = 5\frac{2}{7}$

□를 구하면 $\square = 5\frac{2}{7} - 3\frac{5}{7} = 1\frac{4}{7}$

따라서 돼지고기를 넣기 전 장바구니의 무게는 $1\frac{4}{7}$ kg입니다.

답 $1\frac{4}{7}$ kg

문제읽기 CHECK
☐ 구하는 것에 밑줄, 주어진 것에 ○표!
☐ 돼지고기의 무게는? $3\frac{5}{7}$
☐ 돼지고기를 넣은 후 장바구니의 무게는? $5\frac{2}{7}$

2

물통에 들어 있던 물 중에서 $\frac{6}{8}$ L를 사용하고, $\frac{5}{8}$ L를 더 넣었더니 $\frac{7}{8}$ L가 되었습니다. 처음 물통에 들어 있던 물은 몇 L였을까요?

풀이 ❶ 물을 더 넣기 전에 들어 있던 양을 △ 라고 하여 식을 만들고, △ 구하세요.

$\triangle + \frac{5}{8} = \frac{7}{8} \;\rightarrow\; \triangle = \frac{7}{8} - \frac{5}{8} = \frac{2}{8}$

❷ 처음 물통에 들어 있던 물의 양을 □라고 하여 식을 만들고, □를 구하세요.

$\square - \frac{6}{8} = \frac{2}{8} \;\rightarrow\; \square = \frac{2}{8} + \frac{6}{8} = 1$

답   1 L

문제읽기 CHECK
☐ 구하는 것에 밑줄, 주어진 것에 ○표!
☐ 사용한 물의 양은? $\frac{6}{8}$
☐ 더 넣은 물의 양은? $\frac{5}{8}$
☐ 남은 물의 양은? $\frac{7}{8}$

3

어떤 수에서 $\frac{2}{9}$ 를 뺐더니 $\frac{5}{9}$가 되었습니다. 어떤 수는 얼마일까요?

풀이 어떤 수를 □라고 하면 $\square - \frac{2}{9} = \frac{5}{9}$

□를 구하면 $\square = \frac{5}{9} + \frac{2}{9} = \frac{7}{9}$

답 $\frac{7}{9}$

문제읽기 CHECK
☐ 구하는 것에 밑줄, 주어진 것에 ○표!
☐ 어떤 수에서 뺀 수는? $\frac{2}{9}$

4

어떤 수에서 $1\frac{5}{11}$ 를 빼야 할 것을 잘못하여 더했더니 $5\frac{7}{11}$이 되었습니다. 바르게 계산하면 얼마일까요?

풀이 ❶ 어떤 수를 □라고 하여 잘못 계산한 식을 만들고, 어떤 수 □를 구하세요.

어떤 수를 □라고 하면 $\square + 1\frac{5}{11} = 5\frac{7}{11}$

□를 구하면 $\square = 5\frac{7}{11} - 1\frac{5}{11} = 4\frac{2}{11}$

❷ 바르게 계산하세요.

$(\text{어떤 수}) - 1\frac{5}{11} = 4\frac{2}{11} - 1\frac{5}{11} = 3\frac{13}{11} - 1\frac{5}{11} = 2\frac{8}{11}$

답 $2\frac{8}{11}$

문제읽기 CHECK
☐ 구하는 것에 밑줄, 주어진 것에 ○표!
☐ 잘못한 계산은?
  어떤 수에 ___ 를 $1\frac{5}{11}$
  더하면 ___ 이 된다. $5\frac{7}{11}$
☐ 바른 계산은?
  어떤 수에서 ___ 를 $1\frac{5}{11}$
  (더한다 / 뺀다)

5 DAY 조건에 알맞은 분수 구하기

대표 문제 1

분수 카드 3장에서 2장을 골라 합이 가장 작은 덧셈식을 만들려고 합니다. 가장 작은 합을 구하세요.

문제읽고
❶ 구하는 것에 밑줄 치고, 주어진 것에 ○표 하세요.
❷ 합이 가장 작은 덧셈식을 만들려면 어떻게 해야 하나요?
　합이 가장 작으려면 (작은, 큰) 수부터 차례로 두 수를 더해야 합니다.

풀이쓰고
❸ 가분수를 대분수로 바꾸어 분수의 크기를 비교하세요.

$\frac{27}{8} = 3\frac{3}{8}$

$\frac{27}{8} = 3\frac{3}{8}$ 이므로
작은 분수부터 차례로 쓰면 $3\frac{1}{8} < \frac{27}{8} < \frac{4}{8}$ 입니다.

❹ 합이 가장 작은 덧셈식을 만들고 계산하세요.
(가장 작은 수) + (둘째로 작은 수) → $3\frac{1}{8} + \frac{27}{8} = 6\frac{4}{8}$

❺ 답을 쓰세요. 가장 작은 합은 _____ 입니다.
$6\frac{4}{8} \left(= \frac{52}{8}\right)$

혼자 풀어도 OK 2

분수 카드 3장 중에서 2장을 골라 차가 가장 큰 뺄셈식을 만들려고 합니다. 가장 큰 차를 구하세요.

문제읽고
❶ 구하는 것에 밑줄 치고, 주어진 것에 ○표 하세요.
❷ 차가 가장 큰 뺄셈식을 만들려면 어떻게 해야 하나요?
　차가 가장 크려면 가장 (작은, 큰) 수에서 가장 (작은, 큰) 수를 빼야 합니다.

풀이쓰고
❸ 가분수를 대분수로 바꾸어 분수의 크기를 비교하세요.
$\frac{22}{9} = 2\frac{4}{9}$

$\frac{22}{9} = 2\frac{4}{9}$ 이므로
큰 분수부터 차례로 쓰면 $2\frac{7}{9} > \frac{22}{9} > \frac{8}{9}$ 입니다.

❹ 차가 가장 큰 뺄셈식을 만들고 계산하세요.
(가장 큰 수) - (가장 작은 수) → $2\frac{7}{9} - \frac{8}{9} = 1\frac{8}{9}$

❺ 답을 쓰세요. 가장 큰 차는 _____ 입니다.
$1\frac{8}{9}$

대표 문제 3

수 카드 2, 3, 5 중에서 2장을 골라 ■에 놓아 합이 가장 큰 덧셈식을 만들려고 합니다. 가장 큰 합을 구하세요.

$1\frac{3}{4} + \blacksquare\frac{\blacksquare}{4}$

문제읽고
❶ 구하는 것에 밑줄 치고, 주어진 것에 ○표 하세요.
❷ 합이 가장 큰 덧셈식을 만들려면 어떻게 해야 하나요?
　합이 가장 큰 덧셈식을 만들려면 $1\frac{3}{4}$에 가장 (작은, 큰) 수를 더해야 합니다.

풀이쓰고
❸ □ 안에 알맞은 수 카드의 수를 써넣으세요.
　$\blacksquare\frac{\blacksquare}{4}$를 가장 (작은, 큰) 대분수로 만들면 $5\frac{3}{4}$입니다.

❹ 합이 가장 큰 덧셈식을 만들고 계산하세요.
$1\frac{3}{4}$ + (분모가 4인 가장 큰 대분수) → $1\frac{3}{4} + 5\frac{3}{4} = 7\frac{2}{4}$

❺ 답을 쓰세요. 가장 큰 합은 _____ 입니다.
$7\frac{2}{4}$

혼자 풀어도 OK 4

수 카드 1, 4, 6 중에서 2장을 골라 ■에 놓아 차가 가장 작은 뺄셈식을 만들려고 합니다. 가장 작은 차를 구하세요.

$10 - \blacksquare\frac{\blacksquare}{7}$

문제읽고
❶ 구하는 것에 밑줄 치고, 주어진 것에 ○표 하세요.
❷ 차가 가장 작은 뺄셈식을 만들려면 어떻게 해야 하나요?
　차가 가장 작은 뺄셈식을 만들려면 10에서 가장 (작은, 큰) 수를 빼야 합니다.

풀이쓰고
❸ □ 안에 알맞은 수 카드의 수를 써넣으세요.
　$\blacksquare\frac{\blacksquare}{7}$를 가장 (작은, 큰) 대분수로 만들면 $6\frac{4}{7}$입니다.

❹ 차가 가장 작은 뺄셈식을 만들고 계산하세요.
10 - (분모가 7인 가장 큰 대분수) → $10 - 6\frac{4}{7} = 3\frac{3}{7}$

❺ 답을 쓰세요. 가장 작은 차는 _____ 입니다.
$3\frac{3}{7}$

문장제 실력쌓기 4

1 분수 카드 3장 중에서 2장을 골라 합이 가장 큰 덧셈식을 만들려고 합니다. 가장 큰 합을 구하세요.

문제읽기 CHECK
□ 구하는 것에 밑줄.
　주어진 것에 ○표!
□ 만들어야 하는 식은?
　합이 가장 (작은, 큰)
　덧셈식
□ 분수 카드의 수?
　$\frac{12}{5}$, $1\frac{4}{5}$, $4\frac{1}{5}$

풀이 ❶ 분수의 크기를 비교하세요.
$\frac{12}{5}$를 대분수로 바꾸면 $\frac{12}{5} = 2\frac{2}{5}$ 이므로
큰 분수부터 차례로 쓰면 $4\frac{1}{5} > \frac{12}{5} > 1\frac{4}{5}$ 입니다.

$\frac{12}{5} = 2\frac{2}{5}$

❷ 합이 가장 큰 덧셈식을 만들고 계산하세요.
(가장 큰 수) + (둘째로 큰 수)
→ $4\frac{1}{5} + \frac{12}{5} = 6\frac{3}{5}$

답 $6\frac{3}{5} \left(= \frac{33}{5}\right)$

2 분수 카드 3장 중에서 2장을 골라 차가 가장 큰 뺄셈식을 만들려고 합니다. 가장 큰 차를 구하세요.

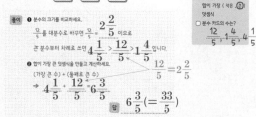

문제읽기 CHECK
□ 구하는 것에 밑줄.
　주어진 것에 ○표!
□ 만들어야 하는 식은?
　차가 가장 (작은, 큰)
　뺄셈식
□ 분수 카드의 수?
　$2\frac{3}{7}$, $\frac{19}{7}$, $1\frac{6}{7}$

풀이 ❶ 분수의 크기를 비교하세요.
$\frac{19}{7} = 2\frac{5}{7}$ 이므로
큰 분수부터 차례로 쓰면 $\frac{19}{7} > 2\frac{3}{7} > 1\frac{6}{7}$ 입니다.
❷ 차가 가장 큰 뺄셈식을 만들고 계산하세요.
(가장 큰 수) - (가장 작은 수)
→ $\frac{19}{7} - 1\frac{6}{7} = \frac{19}{7} - \frac{13}{7} = \frac{6}{7}$

답 $\frac{6}{7}$

3 수 카드 3장 중에서 2장을 골라 □안에 써넣어 합이 가장 작은 덧셈식을 만들려고 합니다. 가장 작은 합을 구하세요.

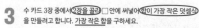

문제읽기 CHECK
□ 구하는 것에 밑줄.
　주어진 것에 ○표!
□ 만들어야 하는 식은?
　합이 가장 (작은, 큰)
　덧셈식
□ 수 카드의 수?
　1, 4, 7

풀이
합이 가장 작은 덧셈식은
$6\frac{3}{8}$ + (분모가 8인 가장 작은 대분수)입니다.
→ $6\frac{3}{8} + 1\frac{4}{8} = 7\frac{7}{8}$

답 $7\frac{7}{8}$

4 수 카드 3장 중에서 2장을 골라 □안에 써넣어 차가 가장 작은 뺄셈식을 만들려고 합니다. 가장 작은 차를 구하세요.

문제읽기 CHECK
□ 구하는 것에 밑줄.
　주어진 것에 ○표!
□ 만들어야 하는 식은?
　차가 가장 (작은, 큰)
　뺄셈식
□ 수 카드의 수?
　8, 7, 5

풀이
차가 가장 작으려면 두 수가 가까이 있어야 하므로
$3\frac{\square}{9}$는 가장 작은 수로, $1\frac{\square}{9}$는 가장 큰 수로 만들어야 합니다.

→ $3\frac{5}{9} - 1\frac{8}{9} = 2\frac{14}{9} - 1\frac{8}{9} = 1\frac{6}{9}$

답 $1\frac{6}{9}$

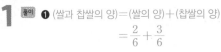
1 풀이 ❶ (쌀과 찹쌀의 양)=(쌀의 양)+(찹쌀의 양)

$$=\frac{2}{6}+\frac{3}{6}$$

❷ $=\frac{5}{6}$ (kg)

답 $\frac{5}{6}$ kg

채점기준

❶ 식을 세우면	2점
❷ 쌀과 찹쌀의 양을 구하면	3점
	5점

2 풀이 ❶ (지연이의 기록)=(동호의 기록)$+\frac{3}{5}$

$$=5\frac{3}{5}+\frac{3}{5}$$

❷ $=5\frac{6}{5}=6\frac{1}{5}$ (분)

답 $6\frac{1}{5}$ 분

채점기준

❶ 식을 세우면	2점
❷ 지연이의 기록을 구하면	3점
	5점

참고 지연이의 기록은 동호보다 더 느리므로 동호의 기록에 더 느린 시간을 더해야 합니다.

3 풀이 ❶ 처음 병에 담겨 있던 우유를 □ L라고 하면

$$\square-\frac{3}{8}=\frac{2}{8}$$

❷ □를 구하면 $\square=\frac{2}{8}+\frac{3}{8}=\frac{5}{8}$

따라서 처음 병에 담겨 있던 우유는 $\frac{5}{8}$ L입니다.

답 $\frac{5}{8}$ L

채점기준

❶ 식을 세우면	2점
❷ 처음 병에 담겨 있던 우유의 양을 구하면	3점
	5점

주의 문제를 바르게 읽지 않고 $\frac{3}{8}-\frac{2}{8}$로 식을 세워 답을 구하지 않도록 합니다.

4 풀이 ❶ $6\frac{7}{13}>6\frac{4}{13}>4\frac{11}{13}$ 이므로

가장 큰 수는 $6\frac{7}{13}$ 이고, 가장 작은 수는 $4\frac{11}{13}$ 입니다.

❷ (가장 큰 수)+(가장 작은 수)

$$=6\frac{7}{13}+4\frac{11}{13}=10\frac{18}{13}=11\frac{5}{13}$$

답 $11\frac{5}{13}$

채점기준

❶ 가장 큰 수와 가장 작은 수를 각각 구하면	각 1점
❷ ❶에서 구한 두 수의 합을 구하면	4점
	6점

5 풀이 ❶ (㉯~㉱)

$$=(㉮~㉱)-\frac{9}{12}$$

$$=2\frac{1}{12}-\frac{9}{12}=1\frac{13}{12}-\frac{9}{12}=1\frac{4}{12}\text{ (km)}$$

❷ (㉮~㉯~㉱)

$$=(㉮~㉯)+(㉯~㉱)$$

$$=2\frac{1}{12}+1\frac{4}{12}=3\frac{5}{12}\text{ (km)}$$

답 $3\frac{5}{12}$ km

채점기준

❶ ㉯ 정류장에서 ㉱ 정류장까지의 거리를 구하면	3점
❷ ㉮ 정류장에서 ㉯ 정류장을 지나 ㉱ 정류장까지의 거리를 구하면	4점
	7점

6 풀이 ❶ 어떤 수를 □라고 하면 $\square+\frac{4}{7}=2$

□를 구하면 $\square=2-\frac{4}{7}=1\frac{7}{7}-\frac{4}{7}=1\frac{3}{7}$

❷ 바르게 계산하면 $1\frac{3}{7}-\frac{4}{7}=\frac{10}{7}-\frac{4}{7}=\frac{6}{7}$입니다.

답 $\frac{6}{7}$

채점기준

❶ 어떤 수를 구하면	3점
❷ 바르게 계산하면	4점
	7점

32쪽

33쪽

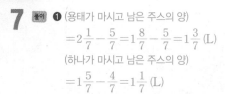

7

풀이 ❶ (용태가 마시고 남은 주스의 양)

$$=2\frac{1}{7}-\frac{5}{7}=1\frac{8}{7}-\frac{5}{7}=1\frac{3}{7}\,(\text{L})$$

(하나가 마시고 남은 주스의 양)

$$=1\frac{5}{7}-\frac{4}{7}=1\frac{1}{7}\,(\text{L})$$

❷ $1\frac{3}{7}>1\frac{1}{7}$ 이므로 용태가 마시고 남은 주스가 더 많습니다.

❸ (남은 주스의 차)$=1\frac{3}{7}-1\frac{1}{7}=\frac{2}{7}\,(\text{L})$

답 용태, $\frac{2}{7}$ L

채점기준

❶ 용태와 하나가 마시고 남은 주스의 양을 각각 구하면 .... 각 2점	
❷ 누구의 주스가 더 많이 남았는지 구하면 2점	
❸ 주스가 몇 L 더 많이 남았는지 구하면 2점	
8점	

주의 주스를 마시고 남은 양의 차를 구해야 합니다.

8

풀이 ❶ (색 테이프 2장의 길이의 합)

$$=2\frac{3}{5}+4\frac{3}{5}=6\frac{6}{5}=7\frac{1}{5}\,(\text{cm})$$

❷ (이어 붙인 색 테이프의 전체 길이)

=(색 테이프 2장의 길이의 합)−(겹친 부분의 길이)

$$=7\frac{1}{5}-\frac{4}{5}=6\frac{6}{5}-\frac{4}{5}=6\frac{2}{5}\,(\text{cm})$$

답 $6\frac{2}{5}$ cm

채점기준

❶ 색 테이프 2장의 길이의 합을 구하면 4점	
❷ 이어 붙인 색 테이프의 전체 길이를 구하면 4점	
8점	

집으로 가는 길을 찾아줘   쉬어가기

길을 찾아 선으로 표시하세요.

낚시를 마치고 집에 돌아갈 시간이에요.
그런데 바닷길이 다섯 갈래로 나뉘어 있네요.
어느 길로 출발해야 집에 도착할 수 있을까요?

35쪽

수고하셨습니다.
다음 단원으로
넘어갈까요?

34쪽

2. 삼각형

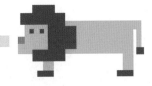

7 DAY 개념 확인하기

삼각형 분류하기(1)

1 빈 곳에 알맞은 삼각형의 이름을 써넣으세요.

(1) 두 변의 길이가 같은 삼각형을 **이등변삼각형**이라고 합니다.

(2) 세 변의 길이가 같은 삼각형을 **정삼각형**이라고 합니다.

2 자를 사용하여 알맞은 도형을 모두 찾아 기호를 쓰세요.

(1) 이등변삼각형 → **가, 나, 라, 바, 사, 아**

(2) 정삼각형 → **가, 아**

이등변삼각형

3 이등변삼각형입니다. □ 안에 알맞은 수를 써넣으세요.

(1)

5 cm **5** cm
3 cm

(2)

50°
80° **50**

(3)
3 cm 3 cm
45° **45**

(4)
9 cm
70 70°
9 cm

정삼각형

4 정삼각형입니다. □ 안에 알맞은 수를 써넣으세요.

(1)

12 cm
12 cm
12 cm

(2)

60°
60
60°

삼각형 분류하기(2)

5 빈 곳에 알맞은 삼각형의 이름을 써넣으세요.

(1) 세 각이 모두 예각인 삼각형을 **예각삼각형**이라고 합니다.

(2) 한 각이 둔각인 삼각형을 **둔각삼각형**이라고 합니다.

6 삼각형을 예각삼각형, 둔각삼각형, 직각삼각형으로 분류하여 기호를 쓰세요.

(1) 예각삼각형 → **나, 라**

(2) 둔각삼각형 → **다, 바**

(3) 직각삼각형 → **가, 마**

7 알맞은 것끼리 이어 보세요.

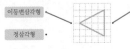

이등변삼각형 •

정삼각형 •

• 예각삼각형

• 직각삼각형

• 둔각삼각형

38쪽

39쪽

대표 문제 1

두 각의 크기가 각각 65°, 40°인 삼각형은
예각삼각형일까요, 둔각삼각형일까요?

문제읽고
❶ 구하는 것에 밑줄 치고, 주어진 것에 ○표 하세요.
❷ 예각삼각형, 둔각삼각형은 어떤 삼각형인지 알맞은 말에 ○표 하세요.
예각삼각형은 (한, 두, **세**) 각이 모두 __예각__ 인 삼각형입니다.
둔각삼각형은 (**한**, 두, 세) 각이 __둔각__ 인 삼각형입니다.

풀이쓰고
❸ 나머지 한 각의 크기를 구하세요.
삼각형의 세 각의 크기의 합은 __180__ °이므로
(나머지 한 각의 크기) = 180° − 65° − 40° = __75__ 입니다.
❹ 어떤 삼각형인지 구하세요.
세 각의 크기가 65°, 40°, __75__ °로
(**모두 예각**, 한 각이 둔각)이므로 (**예각삼각형**, 둔각삼각형)입니다.
❺ 답을 쓰세요.   삼각형은 __예각삼각형__ 입니다.

대표 문제 2

오른쪽 도형은 이등변삼각형인가요?
그렇게 생각한 이유를 쓰세요.

문제읽고
❶ 구하는 것에 밑줄 치고, 주어진 것에 ○표 하세요.
❷ 이등변삼각형의 각은 어떤 특징이 있는지 알맞은 말에 ○표 하세요.
이등변삼각형은 (**두**, 세) 각의 크기가 같습니다.

풀이쓰고
❸ 나머지 한 각의 크기를 구하세요.
삼각형의 세 각의 크기의 합은 __180__ °이므로
(나머지 한 각의 크기) = 180° − 95° − 45° = __40__ °입니다.
❹ 삼각형의 두 각의 크기가 같은가요? (예, **아니오**)
❺ 답을 쓰고, 이유를 쓰세요.
도형은 (이등변삼각형입니다, **이등변삼각형이 아닙니다**).
왜냐하면 예 __크기가 같은 두 각이 없기__ 때문입니다.

대표 문제 3

오른쪽 도형에서 찾을 수 있는
크고 작은 정삼각형은 모두 몇 개일까요?

문제읽고
❶ 무엇을 구하는 문제인가요? 구하는 것에 밑줄 치세요.

풀이쓰고
❷ 작은 정삼각형으로 만들 수 있는 크고 작은 정삼각형은 몇 개인지 구하세요.

정삼각형 1개짜리   정삼각형 4개짜리
또는   또는
__10__ 개   __4__ 개

❸ 크고 작은 정삼각형의 수를 구하세요.
__10__ + __4__ = __14__ (개)
❹ 답을 쓰세요.   크고 작은 정삼각형은 모두 __14개__ 입니다.

대표 문제 4

오른쪽 도형에서 찾을 수 있는
크고 작은 예각삼각형은 모두 몇 개일까요?

문제읽고
❶ 무엇을 구하는 문제인가요? 구하는 것에 밑줄 치세요.

풀이쓰고
❷ 작은 삼각형으로 만들 수 있는 크고 작은 예각삼각형을 표시하고, 몇 개인지 구하세요.

삼각형 1개짜리   삼각형 2개짜리   삼각형 3개짜리
__1__ 개   __2__ 개   __1__ 개

❸ 크고 작은 예각삼각형의 수를 구하세요.
__1__ + __2__ + __1__ = __4__ (개)
❹ 답을 쓰세요.   크고 작은 예각삼각형은 모두 __4개__ 입니다.

---

1 두 각의 크기가 각각 30°, 50°인 삼각형은 예각삼각형일까요, 둔각삼
각형일까요?

문제읽기 CHECK
☐ 구하는 것에 밑줄, 주어진 것에 ○표!
☐ 두 각의 크기는? 30 · 50

풀이 ❶ 삼각형의 세 각의 크기의 합은 __180__ °이므로
(나머지 한 각의 크기) = __180° − 30° − 50°__
= __100__ °

❷ 세 각의 크기가 30°, 50°, __100__ °로
(모두 예각, **한 각이 둔각**)이므로 __둔각삼각형__ 입니다.

답 __둔각삼각형__

2 삼각형의 일부가 지워졌습니다. 이 삼각형의
이름이 될 수 있는 것을 모두 쓰세요.

문제읽기 CHECK
☐ 구하는 것에 밑줄, 주어진 것에 ○표!
☐ 두 각의 크기는? 70 · 40

풀이 ❶ 나머지 한 각의 크기를 구하세요.
삼각형의 세 각의 크기의 합은 180°이므로
(나머지 한 각의 크기) = 180° − 70° − 40° = 70°

❷ 어떤 삼각형인지 쓰세요.
세 각이 모두 예각이므로 예각삼각형이고,
두 각의 크기가 같으므로 이등변삼각형입니다.

답 __예각삼각형, 이등변삼각형__

3 오른쪽 도형에서 찾을 수 있는 크고 작은 정삼
각형은 모두 몇 개일까요?

문제읽기 CHECK
☐ 구하는 것에 밑줄!
☐ 정삼각형은?
세 변의 길이가 모두 같은 삼각형

풀이 ❶ 작은 정삼각형 1개짜리 : __9__ 개 → ①, ②, ③, ④, ⑤, ⑥, ⑦, ⑧, ⑨
작은 정삼각형 4개짜리 : __3__ 개 → ①②③④, ②⑤⑥⑦, ④⑦⑧⑨
작은 정삼각형 9개짜리 : __1__ 개 → ①②③④⑤⑥⑦⑧⑨

❷ (크고 작은 정삼각형의 수)
= __9 + 3 + 1__ = __13__ (개)

답 __13개__

4 오른쪽 도형에서 찾을 수 있는 크고 작
은 둔각삼각형은 모두 몇 개일까요?

문제읽기 CHECK
☐ 구하는 것에 밑줄, 둔각에 △표!
☐ 둔각삼각형은? 둔각 한 각이 둔각인 삼각형

풀이 ❶ 작은 삼각형으로 만들 수 있는 크고 작은 둔각삼각형의 수를 구하세요.
작은 삼각형 1개짜리 : 삼각형 ㄱㅁㄹ, 삼각형 ㅁㄴㄷ → 2개
작은 삼각형 2개짜리 : 삼각형 ㄱㄴㄹ, 삼각형 ㄱㄷㄹ → 2개

❷ 크고 작은 둔각삼각형의 수를 구하세요.
2 + 2 = 4(개)

답 __4개__

9 DAY 각도, 변의 길이 구하기

대표문제 1

삼각형 ㄱㄴㄷ은 이등변삼각형입니다.
각 ㄴㄷㄹ의 크기는 몇 도일까요?

문제읽고
❶ 구하는 것에 밑줄 치고, 주어진 것에 O표 하세요.
❷ 이등변삼각형에서 크기가 같은 두 각을 찾아 O표 하세요.

풀이쓰고
❸ 각 ㄱㄴㄷ의 크기를 구하세요.
이등변삼각형은 두 각의 크기가 (같으므로, 다르므로)
(각 ㄱㄴㄷ) = (각 ㄱㄷㄴ) = __30__ °입니다.

❹ 각 ㄴㄷㄹ의 크기를 구하세요.
(각 ㄴㄷㄹ) = (삼각형의 세 각의 크기의 합) - (각 ㄱㄴㄷ) - (각 ㄱㄷㄴ)
= __180__ ° - 30° - __30__ ° = __120__ °

❺ 답을 쓰세요.   각 ㄴㄷㄹ의 크기는 __120°__ 입니다.

대표문제 2

삼각형 ㄱㄴㄷ은 이등변삼각형입니다.
각 ㄱㄴㄷ의 크기는 몇 도일까요?

문제읽고
❶ 구하는 것에 밑줄 치고, 주어진 것에 O표 하세요.
❷ 이등변삼각형에서 크기가 같은 두 각을 찾아 O표 하세요.

풀이쓰고
❸ 각 ㄱㄴㄷ의 크기를 구하세요.
삼각형의 세 각의 크기의 합은 __180__ °이므로
(각 ㄴㄱㄷ) + (각 ㄱㄴㄷ) + 50° = __180__ °
→ (각 ㄴㄱㄷ) + (각 ㄱㄴㄷ) = 180° - __50__ ° = __130__ °

이등변삼각형은 두 각의 크기가 같으므로
(각 ㄱㄴㄷ) = (각 ㄴㄱㄷ) = __130__ ° ÷ 2 = __65__ °

❹ 답을 쓰세요.   각 ㄱㄴㄷ의 크기는 __65°__ 입니다.

대표문제 3

삼각형 ㄱㄴㄷ은 이등변삼각형입니다.
삼각형의 세 변의 길이의 합은 몇 cm일까요?

문제읽고
❶ 구하는 것에 밑줄 치고, 주어진 것에 O표 하세요.
❷ 이등변삼각형에서 길이가 같은 두 변을 찾아 선을 그어 보세요.

풀이쓰고
❸ 변 ㄱㄴ의 길이를 구하세요.
이등변삼각형은 (두, 세) 변의 길이가 같으므로
(변 ㄱㄴ) = (변 ㄱㄷ) = __11__ cm

❹ 삼각형의 세 변의 길이의 합을 구하세요.
(삼각형의 세 변의 길이의 합) = __11__ + 9 + 11 = __31__ (cm)

❺ 답을 쓰세요.   삼각형의 세 변의 길이의 합은 __31 cm__ 입니다.

대표문제 4

삼각형 ㄱㄴㄷ은 이등변삼각형입니다.
세 변의 길이의 합이 17 cm일 때,
변 ㄴㄷ의 길이는 몇 cm일까요?

문제읽고
❶ 무엇을 구하는 문제인가요? 구하는 것에 치세요.
❷ 주어진 것은 무엇인가요? O표 하고 답하세요.
삼각형의 세 변의 길이의 합 __17__ cm, (변 ㄱㄴ) __5__ cm

풀이쓰고
❸ 변 ㄱㄷ의 길이를 구하세요.
이등변삼각형은 두 변의 길이가 (같으므로, 다르므로)
(변 ㄱㄷ) = (변 ㄱㄴ) = __5__ cm

❹ 변 ㄴㄷ의 길이를 구하세요.
(변 ㄴㄷ) = (세 변의 길이의 합) - (변 ㄱㄴ) - (변 ㄱㄷ)
= 17 - __5__ - __5__ = __7__ (cm)

❺ 답을 쓰세요.   변 ㄴㄷ의 길이는 __7 cm__ 입니다.

문장제 실력쌓기 2

1 삼각형 ㄱㄴㄷ은 이등변삼각형입니다.
각 ㄱㄷㄴ의 크기를 구하세요.

문제읽기 CHECK
☑ 구하는 것에 밑줄,
　주어진 것에 O표!
☐ 삼각형 ㄱㄴㄷ은?
　이등변삼각형
☐ 각 ㄱㄷㄴ의 크기는?
　45

풀이 ❶ 각 ㄴㄷㄱ의 크기를 구하세요.
이등변삼각형은 두 각의 크기가 같으므로
(각 ㄱㄷㄴ) = (각 ㄱㄴㄷ) = __45__ °

❷ 각 ㄷㄱㄴ의 크기를 구하세요.
삼각형의 세 각의 크기의 합은 __180__ °이므로
(각 ㄷㄱㄴ) = __180° - 45° - 45°__
= __90__ °

참고 각을 읽을 때에는
각의 꼭짓점이 가운데
오도록 읽으면 됩니다.
(각 ㄱㄴㄷ) = (각 ㄷㄴㄱ)

답 __90°__

2 삼각형 ㄱㄴㄷ은 정삼각형입니다. 삼각형
의 세 변의 길이의 합은 몇 cm일까요?

문제읽기 CHECK
☑ 구하는 것에 밑줄,
　주어진 것에 O표!
☐ 삼각형 ㄱㄴㄷ은?
　정삼각형
☐ 변 ㄱㄷ의 길이는?
　4 cm

풀이 ❶ 변 ㄱㄷ, 변 ㄴㄷ의 길이를 구하세요.
정삼각형은 세 변의 길이가 같으므로
(변 ㄱㄷ) = (변 ㄴㄷ) = (변 ㄱㄴ) = 4 cm입니다.

❷ 삼각형의 세 변의 길이의 합을 구하세요.
(삼각형의 세 변의 길이의 합)
= 4 + 4 + 4
= 12 (cm)

답 __12 cm__

3 삼각형 ㄱㄴㄷ은 이등변삼각형입니다.
세 변의 길이의 합이 30 cm일 때, 변 ㄱㄴ
의 길이는 몇 cm일까요?

문제읽기 CHECK
☑ 구하는 것에 밑줄,
　주어진 것에 O표!
☐ 삼각형 ㄱㄴㄷ은?
　이등변삼각형
☐ 변 ㄴㄷ의 길이는?
　12 cm
☐ 세 변의 길이의 합은?
　30 cm

풀이 ❶ 변 ㄱㄴ과 변 ㄱㄷ의 길이의 합을 구하세요.
세 변의 길이의 합이 30 cm이므로
(변 ㄱㄴ) + 12 + (변 ㄱㄷ) = 30
→ (변 ㄱㄴ) + (변 ㄱㄷ) = 30 - 12 = 18 (cm)입니다.

❷ 변 ㄱㄴ의 길이를 구하세요.
이등변삼각형은 두 변의 길이가 같으므로
(변 ㄱㄴ) = (변 ㄱㄷ) = 18 ÷ 2 = 9 (cm)

답 __9 cm__

4 삼각형 ㄱㄴㄷ은 정삼각형입니다. ㉠의
각도를 구하세요.

문제읽기 CHECK
☑ 구하는 것에 밑줄,
　주어진 것에 O표!
☐ 삼각형 ㄱㄴㄷ은?
　정삼각형

풀이 ❶ 각 ㄱㄷㄴ의 크기를 구하세요.
정삼각형은 세 각의 크기가 모두 같으므로
(각 ㄱㄷㄴ) = 180° ÷ 3 = 60°

❷ ㉠의 각도를 구하세요.
한 직선이 이루는 각도는 180°이므로
㉠ = 180° - 60° = 120°

답 __120°__

1 풀이 ❶ 예각삼각형은 나, 라, 바, 사 → 4개이고
❷ 둔각삼각형은 다, 마, 아 → 3개이므로
❸ 예각삼각형은 둔각삼각형보다 4－3＝1(개) 더 많습니다.

답 1개

채점기준

❶ 예각삼각형을 찾고 개수를 구하면	2점
❷ 둔각삼각형을 찾고 개수를 구하면	2점
❸ 예각삼각형은 둔각삼각형보다 몇 개 더 많은지 구하면	1점
	5점

2 풀이 ❶ 이등변삼각형은 두 변의 길이가 같으므로
(변 ㄱㄴ)＝(변 ㄱㄷ)＝10 cm
❷ (세 변의 길이의 합)＝10＋6＋10＝26 (cm)

답 26 cm

채점기준

❶ 변 ㄱㄴ의 길이를 구하면	2점
❷ 세 변의 길이의 합을 구하면	3점
	5점

3 풀이 ❶ 정삼각형은 세 변의 길이가 같으므로
(한 변의 길이)＝(세 변의 길이의 합)÷3
＝27÷3
❷＝9 (cm)

답 9 cm

채점기준

❶ 식을 세우면	3점
❷ 정삼각형의 한 변의 길이를 구하면	2점
	5점

4 풀이 ❶ 이등변삼각형은 두 각의 크기가 같으므로
(각 ㄴㄱㄷ)＝(각 ㄱㄴㄷ)＝50°
❷ 삼각형의 세 각의 크기의 합은 180°이므로
(각 ㄱㄷㄴ)＝180°－50°－50°＝80°

답 80°

채점기준

❶ 각 ㄴㄱㄷ의 크기를 구하면	2점
❷ 각 ㄱㄷㄴ의 크기를 구하면	3점
	5점

참고 삼각형의 세 각의 크기의 합은 180°입니다.

5 풀이 ❶ 삼각형의 세 각의 크기의 합은 180°이므로
(나머지 한 각의 크기)＝180°－30°－75°＝75°
❷ 두 각의 크기가 같으므로 이등변삼각형입니다.
❸ 세 각이 모두 예각이므로 예각삼각형입니다.

답 이등변삼각형, 예각삼각형

채점기준

❶ 나머지 한 각의 크기를 구하면	2점
❷ 이등변삼각형이라고 쓰면	2점
❸ 예각삼각형이라고 쓰면	2점
	6점

6 풀이 ❶ 작은 삼각형 1개짜리 : 삼각형 ㄱㄴㅁ, 삼각형 ㄹㄷㅁ,
삼각형 ㅁㄴㄷ → 3개
작은 삼각형 2개짜리 : 삼각형 ㄱㄴㄷ, 삼각형 ㄹㄴㄷ
→ 2개
❷ (크고 작은 둔각삼각형의 수)＝3＋2＝5(개)

답 5개

채점기준

❶ 작은 삼각형 1개짜리, 2개짜리로 이루어진 둔각삼각형의 수를 각각 구하면	각 2점
❷ 크고 작은 둔각삼각형의 수를 구하면	2점
	6점

참고 둔각삼각형은 한 각이 둔각이고 나머지 두 각이 예각입니다.

48쪽

49쪽

7 풀이 **①** 세 변의 길이의 합이 40 cm이므로
(변 ㄱㄴ)+10+(변 ㄱㄷ)=40
→ (변 ㄱㄴ)+(변 ㄱㄷ)=40-10=30 (cm)입니다.
② 이등변삼각형은 두 변의 길이가 같으므로
(변 ㄱㄴ)=(변 ㄱㄷ)
③=30÷2=15 (cm)

답 **15 cm**

채점기준

① 변 ㄱㄴ과 변 ㄱㄷ의 길이의 합을 구하면	○	3점
② 변 ㄱㄴ과 변 ㄱㄷ의 길이가 같음을 알면	○	2점
③ 변 ㄱㄴ의 길이를 구하면	○	2점
		7점

8 풀이 **①** 삼각형 ㄱㄴㄷ은 두 변의 길이가 같으므로
이등변삼각형입니다.
② 삼각형의 세 각의 크기의 합은 180°이므로
(각 ㄱㄴㄷ)+(각 ㄱㄷㄴ)=180°-70°=110°
이등변삼각형은 두 각의 크기가 같으므로
(각 ㄱㄷㄴ)=(각 ㄱㄴㄷ)=110°÷2=55°
③ 한 직선이 이루는 각도는 180°이므로
㉠=180°-55°=125°

답 **125°**

채점기준

① 삼각형 ㄱㄴㄷ이 이등변삼각형임을 알면		2점
② 각 ㄱㄷㄴ의 크기를 구하면		3점
③ ㉠의 각도를 구하면		3점
		8점

참고 한 직선이 이루는 각도는 180°입니다.

두근두근 마술쇼 쉬어가기

숨은 그림 11개를 찾아 ○표 해 주세요.

가족들과 마술쇼를 보러 왔어요.
피에로 아저씨의 마술, 동물 친구들의 묘기를 보니
떨리고 신기한 마음에 가슴이 콩닥콩닥거려요!

나뭇잎, 달팽이, 돛단배, 망치, 물감, 뱀, 붓, 조각 피자, 초, 칼, 톱

51쪽

수고하셨습니다.
다음 단원으로
넘어갈까요?

3. 소수의 덧셈과 뺄셈

서술형 문제의 풀이, 이렇게 쓰면 만점!
그런데 너희가 쓴 풀이와 조금 다르다고?
또, 제시된 풀이와 다른 방법으로 풀었다고?
괜찮아. 중요한 설명이 모두 맞았다면 OK!

11 DAY 개념 확인하기

소수 두 자리 수
소수 세 자리 수

1 빈 곳에 알맞은 수나 말을 써넣으세요.

(1) 분수 $\frac{23}{100}$ 은 소수로 **0.23** 이라 쓰고, **영 점 이삼** 이 라고 읽습니다.

(2) 분수 $\frac{914}{1000}$ 는 소수로 **0.914** 라 쓰고, **영 점 구일사** 라고 읽습니다.

2 빈 곳에 알맞은 수를 써넣으세요.

(1) 0.01이 57개인 수는 **0.57** 입니다.

(2) 0.468은 0.001이 **468** 개인 수입니다.

소수의 자리값

3 빈 곳에 알맞은 수나 말을 써넣으세요.

5.127에서

┌ 5는 **일** 의 자리 숫자이고 **5** 를 나타냅니다.
├ 1은 **소수 첫째** 자리 숫자이고 **0.1** 을 나타냅니다.
├ 2는 **소수 둘째** 자리 숫자이고 **0.02** 를 나타냅니다.
└ 7은 **소수 셋째** 자리 숫자이고 **0.007** 을 나타냅니다.

소수의 크기비교

4 두 수의 크기를 비교하여 ○ 안에 >, =, <를 알맞게 써넣으세요.

(1) 8.9 **>** 6.56

(2) 1.52 **=** 1.520

(3) 0.43 **<** 0.79

(4) 0.29 **<** 0.3

소수 사이의 관계

5 빈 곳에 알맞은 수를 써넣으세요.

(1) 7의 $\frac{1}{10}$ 은 **0.7** 이고, $\frac{1}{100}$ 은 **0.07** 입니다.

(2) 1.52의 10배는 **15.2** 이고, 100배는 **152** 입니다.

소수의 덧셈

6 계산해 보세요.

(1) 0.4+0.8=**1.2**

(2) 0.74+0.22=**0.96**

(3)
$$\begin{array}{r} 2.6 \\ +1.7 \\ \hline 4.3 \end{array}$$

(4)
$$\begin{array}{r} 2.74 \\ +1.5 \\ \hline 4.24 \end{array}$$

소수의 뺄셈

7 계산해 보세요.

(1) 1.5−0.8=**0.7**

(2) 8.24−2.87=**5.37**

(3)
$$\begin{array}{r} 3.1 \\ -1.6 \\ \hline 1.5 \end{array}$$

(4)
$$\begin{array}{r} 10.52 \\ -2.7 \\ \hline 7.82 \end{array}$$

8 빈 곳에 알맞은 소수를 써넣으세요.

| 5 | −2.6 → 2.4 | +1.73 → 4.13 |

54쪽

55쪽

1 10이 4개, 1이 3개, 0.1이 5개, 0.01이 6개인 소수를 쓰세요.

문제읽고
❶ 구하는 수는 어떤 수인가요? 구하는 것에 밑줄 치고 답하세요.
10이 __4__ 개, 1이 __3__ 개, 0.1이 __5__ 개, 0.01이 __6__ 개인 소수

풀이쓰고
❷ 주어진 수들이 나타내는 수를 각각 구하세요.
10이　__4__ 개 → __40__
1이　__3__ 개 → __3__
0.1이　__5__ 개 → __0.5__
0.01이　__6__ 개 → __0.06__
　　　　　　　　__43.56__

❸ 답을 쓰세요. 구하는 소수는 __43.56__ 입니다.

2 $\frac{1}{10}$이 8개, $\frac{1}{100}$이 9개, $\frac{1}{1000}$이 2개인 소수를 쓰세요.

문제읽고
❶ 구하는 수는 어떤 수인가요? 구하는 것에 밑줄 치고 답하세요.
$\frac{1}{10}$이 __8__ 개, $\frac{1}{100}$이 __9__ 개, $\frac{1}{1000}$이 __2__ 개인 소수

풀이쓰고
❷ 주어진 수들이 나타내는 수를 각각 구하세요.
$\frac{1}{10}$ = __0.1__ 이 __8__ 개 → __0.8__
$\frac{1}{100}$ = __0.01__ 이 __9__ 개 → __0.09__
$\frac{1}{1000}$ = __0.001__ 이 __2__ 개 → __0.002__
　　　　　　　　　　__0.892__

❸ 답을 쓰세요. 구하는 소수는 __0.892__ 입니다.

3 1이 7개, 0.1이 1개, 0.01이 25개인 소수를 쓰세요.

문제읽고
❶ 구하는 수는 어떤 수인가요? 구하는 것에 밑줄 치고 답하세요.
1이 __7__ 개, 0.1이 __1__ 개, 0.01이 __25__ 개인 소수

풀이쓰고
❷ 주어진 수들이 나타내는 수를 각각 구하세요.
1이　__7__ 개 → __7__
0.1이　__1__ 개 → __0.1__
0.01이　__25__ 개 → __0.25__
　　　　　　　　__7.35__

❸ 답을 쓰세요. 구하는 소수는 __7.35__ 입니다.

4 1이 3개, 0.1이 12개, 0.001이 8개인 소수의 10배인 수를 구하세요.

문제읽고
❶ 구하는 수는 어떤 수인가요? 구하는 것에 밑줄 치고 답하세요.
1이 __3__ 개, 0.1이 __12__ 개, 0.001이 __8__ 개인 소수의 __10__ 배인 수

풀이쓰고
❷ 주어진 수들이 나타내는 수를 각각 구하세요.
1이　__3__ 개 → __3__
0.1이　__12__ 개 → __1.2__
0.001이　__8__ 개 → __0.008__
　　　　　　　　__4.208__

❸ ❷에서 구한 수의 10배인 수를 구하세요.
4.208의 10배인 수는 소수점을 기준으로 수가 (◯왼쪽, 오른쪽)으로 (◯한, 두, 세) 자리씩 이동하므로 __42.08__ 입니다.

❹ 답을 쓰세요. 구하는 수는 __42.08__ 입니다.

문장제 실력쌓기 1

1 10이 3개, $\frac{1}{10}$이 2개, $\frac{1}{100}$이 7개인 소수를 쓰세요.

풀이
10이　　　__3__ 개 → __30__
$\frac{1}{10}$ = 0.1 이 __2__ 개 → __0.2__
$\frac{1}{100}$ = 0.01 이 __7__ 개 → __0.07__
　　　　　　　　__30.27__

답 __30.27__

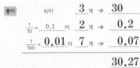

문제읽기 CHECK
☐ 구하는 것에 밑줄!
☐ 구하는 수는?
10이 __3__ 개,
$\frac{1}{10}$이 __2__ 개,
$\frac{1}{100}$이 __7__ 개인
소수

2 1이 2개, 0.1이 8개, 0.01이 11개, 0.001이 6개인 소수를 쓰세요.

풀이
1이　　　2개 → 2
0.1이　　8개 → 0.8
0.01이　11개 → 0.11
0.001이　6개 → 0.006
　　　　　　　2.916

답 2.916

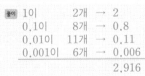

문제읽기 CHECK
☐ 구하는 것에 밑줄!
☐ 구하는 수는?
1이 __2__ 개,
0.1이 __8__ 개,
0.01이 __11__ 개,
0.001이 __6__ 개인
소수

3 10이 1개, 1이 4개, 0.01이 9개인 소수의 $\frac{1}{10}$인 수를 구하세요.

풀이 ❶ 10이 1개, 1이 4개, 0.01이 9개인 소수를 구하세요.
10이　　1개 → 10
1이　　4개 → 4
0.01이　9개 → 0.09
　　　　　　14.09

❷ ❶에서 구한 소수의 $\frac{1}{10}$인 수를 구하세요.
14.09의 $\frac{1}{10}$인 수는 소수점을 기준으로 수가 오른쪽으로 한 자리씩 이동하므로 1.409입니다.

답 __1.409__

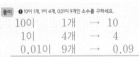

문제읽기 CHECK
☐ 구하는 것에 밑줄!
☐ 구하는 수는?
10이 __1__ 개,
1이 __4__ 개,
0.01이 __9__ 개인
소수의 $\frac{1}{10}$

4 조건을 모두 만족하는 소수를 구하세요.

• 4보다 크고 5보다 작은 소수 세 자리 수입니다.
• 소수 첫째 자리 숫자는 ①입니다.
• 소수 둘째 자리 숫자는 ③입니다.
• 소수 셋째 자리 숫자는 ⑤입니다.

풀이 ❶ 4보다 크고 5보다 작은 소수 세 자리 수의 자연수 부분을 구하세요.
4
❷ 조건을 모두 만족하는 소수를 구하세요.
자연수 부분이 4 → 4
소수 첫째 자리 숫자는 1 → 0.1
소수 둘째 자리 숫자는 3 → 0.03
소수 셋째 자리 숫자는 5 → 0.005
　　　　　　　　　　4.135

답 __4.135__

문제읽기 CHECK
☐ 구하는 것에 밑줄, 주어진 것에 O표!
☐ 소수의 크기는?
__4__ 보다 크고
__5__ 보다 작다.
☐ 소수 첫째 자리 숫자는?
__1__
☐ 소수 둘째 자리 숫자는?
__3__
☐ 소수 셋째 자리 숫자는?
__5__

1

한라산의 높이는 1.947 km이고, 백두산의 높이는 2.744 km입니다.
한라산과 백두산 중 더 높은 산은 무엇일까요?

문제읽고
❶ 무엇을 구하는 문제인가요? 구하는 것에 밑줄 치세요.
❷ 주어진 것은 무엇인가요? ○표 하고 답하세요.
　한라산의 높이 : **1.947** km, 백두산의 높이 : **2.744** km

풀이쓰고
❸ 1.947과 2.744의 크기를 비교하여 더 높은 산을 구하세요.
　자연수 부분을 비교하면 1 ＜ 2이므로 1.947 ＜ 2.744입니다.
　따라서 (한라산 , (백두산))이 더 높습니다.

❹ 답을 쓰세요.
　더 높은 산은 **백두산** 입니다.

2

예지의 100 m 달리기 기록은 18.49초이고,
혜주의 100 m 달리기 기록은 18.43초입니다.
예지와 혜주 중 기록이 더 빠른 사람은 누구일까요?

문제읽고
❶ 무엇을 구하는 문제인가요? 구하는 것에 밑줄 치세요.
❷ 주어진 것은 무엇인가요? ○표 하고 답하세요.
　예지의 기록 : **18.49** 초, 혜주의 기록 : **18.43** 초

풀이쓰고
❸ 18.49와 18.43의 크기를 비교하여 기록이 더 빠른 사람을 구하세요.
　소수 첫째 자리 수까지 같습니다.
　소수 둘째 자리 수를 비교하면 9 ＞ 3이므로 18.49 ＞ 18.43입니다.
　따라서 (예지 , (혜주))의 기록이 더 빠릅니다.

❹ 답을 쓰세요.
　기록이 더 빠른 사람은 **혜주** 입니다.

3

민준이와 혁준이는 멀리뛰기를 하였습니다.
민준이는 1.83 m를 뛰었고, 혁준이는 168 cm를 뛰었습니다.
민준이와 혁준이 중 누가 더 멀리 뛰었는지 m 단위로 나타내어 구하세요.

문제읽고
❶ 무엇을 구하는 문제인가요? 구하는 것에 밑줄 치세요.
❷ 주어진 것은 무엇인가요? ○표 하고 답하세요.
　민준이가 뛴 거리 : **1.83** m, 혁준이가 뛴 거리 : **168** cm

풀이쓰고
❸ 혁준이가 뛴 거리를 m 단위로 나타내세요.
　1 cm = **0.01** m이므로 168 cm = **1.68** m입니다.
❹ 1.83과 1.68의 크기를 비교하여 더 멀리 뛴 사람을 구하세요.
　자연수 부분이 같습니다.
　소수 첫째 자리 수를 비교하면 8 ＞ 6이므로 1.83 ＞ 1.68입니다.
　따라서 ((민준) , 혁준)이가 더 멀리 뛰었습니다.

❺ 답을 쓰세요.　더 멀리 뛴 사람은 **민준** 입니다.

4

우리 집에서 수확한 오이는 2.05 kg이고, 가지는 2083 g이고,
오이와 가지 중 어느 것이 더 가벼운지 kg 단위로 나타내어 구하세요.

문제읽고
❶ 무엇을 구하는 문제인가요? 구하는 것에 밑줄 치세요.
❷ 주어진 것은 무엇인가요? ○표 하고 답하세요.
　오이의 무게 : **2.05** kg, 가지의 무게 : **2083** g

풀이쓰고
❸ 가지의 무게를 kg 단위로 나타내세요.
　1 g = **0.001** kg이므로 2083 g = **2.083** kg입니다.
❹ 2.05와 2.083의 크기를 비교하여 더 가벼운 것을 구하세요.
　소수 첫째 자리 수까지 같습니다.
　소수 둘째 자리 수를 비교하면 5 ＜ 8 이므로 2.05 ＜ 2.083입니다.
　따라서 ((오이) , 가지)가 더 가볍습니다.

❺ 답을 쓰세요.　더 가벼운 것은 **오이** 입니다.

문장제 실력쌓기 2

1

정석이의 키는 1.37 m이고, 주영이의 키는 1.42 m입니다. 정석이
와 주영이 중 누구의 키가 더 클까요?

풀이 1.37과 1.42는
❶ 자연수 부분이 같습니다.
❷ 소수 첫째 자리 수를 비교하면
　3 ＜ 4이므로 1.37 ＜ 1.42입니다.
❸ 따라서 **주영** 이의 키가 더 큽니다.

문제읽기 CHECK
□ 구하는 것에 밑줄,
　주어진 것에 ○표!
□ 정석이의 키는? 1.37 m
□ 주영이의 키는? 1.42 m

답 **주영**

2

어머니께서 1.75 L짜리 간장과 1.5 L짜리 식초를 한 병씩 샀습니
다. 간장과 식초 중 어느 것이 더 많을까요?

풀이 1.75와 1.5는
자연수 부분이 같습니다.
소수 첫째 자리 수를 비교하면
7 ＞ 5이므로 1.75 ＞ 1.5입니다.
따라서 간장이 더 많습니다.

문제읽기 CHECK
□ 구하는 것에 밑줄,
　주어진 것에 ○표!
□ 간장은? 1.75 L
□ 식초는? 1.5 L

답 **간장**

3

지하철을 이용하면 서울역에서 양주역까지의 거리는 30400 m이고,
서울역에서 인천역까지의 거리는 38.7 km입니다. 양주역과 인천역
중 서울역에서 더 가까운 역은 어느 역일까요?

풀이 ❶ 서울역에서 양주역까지의 거리를 km 단위로 나타내세요.
　1 m = 0.001 km이므로
　30400 m = 30.4 km입니다.
❷ 서울역에서 더 가까운 역을 구하세요.
　30.4와 38.7의 자연수 부분을 비교하면
　30 ＜ 38이므로 30.4 ＜ 38.7입니다.
　따라서 서울역에서 더 가까운 역은 양주역입니다.

문제읽기 CHECK
□ 구하는 것에 밑줄,
　주어진 것에 ○표!
□ 서울역에서 양주역까지
　의 거리는? 30400 m
□ 서울역에서 인천역까지
　의 거리는? 38.7 km

답 **양주역**

4

미술 시간에 찰흙을 승표네 모둠은 2.53 kg 사용하고, 현정이네 모둠
은 250 kg의 1/100 만큼 사용했습니다. 승표네 모둠과 현정이네 모둠
중 찰흙을 더 많이 사용한 모둠은 어느 모둠일까요?

풀이 ❶ 현정이네 모둠이 사용한 찰흙의 무게를 구하세요.
　250 kg의 1/100 은 소수점을 기준으로 수가
　오른쪽으로 두 자리씩 이동하므로 2.5 kg입니다.
❷ 찰흙을 더 많이 사용한 모둠을 구하세요.
　2.53과 2.5는 소수 첫째 자리 수까지 같습니다.
　소수 둘째 자리 수를 비교하면 3 ＞ 0이므로 2.53 ＞ 2.5입니다.
　따라서 승표네 모둠이 찰흙을 더 많이 사용했습니다.

문제읽기 CHECK
□ 구하는 것에 밑줄,
　주어진 것에 ○표!
□ 사용한 찰흙은?
　• 승표네 모둠: 2.53 kg
　• 현정이네 모둠: 250 kg의 1/100

답 **승표네 모둠**

14 DAY 소수의 덧셈

대표문제 1

빨간색 테이프가 0.5 m 파란색 테이프가 0.7 m 있습니다.
두 색 테이프를 겹치는 부분이 없도록 한 줄로 이어 붙이면
색 테이프의 길이는 몇 m가 될까요?

문제읽고
① 무엇을 구하는 문제인가요? 구하는 것에 밑줄 치세요.
② 주어진 것은 무엇인가요? O표 하고 답하세요.
빨간색 테이프의 길이 : 0.5 m, 파란색 테이프의 길이 : 0.7 m

풀이쓰고
③ 식을 쓰세요.
(이어 붙인 색 테이프의 길이)
= (빨간색 테이프의 길이) (⊕ -) (파란색 테이프의 길이)
= 0.5 (⊕ -) 0.7 = 1.2 (m)
④ 답을 쓰세요.
이어 붙인 색 테이프의 길이는 1.2 m 가 됩니다.

한번더 OK

2

은정이는 아침에 2.8 km 저녁에 3.16 km를 달리며 운동을 합니다.
은정이가 아침과 저녁에 달리는 거리는 모두 몇 km일까요?

문제읽고
① 무엇을 구하는 문제인가요? 구하는 것에 밑줄 치세요.
② 주어진 것은 무엇인가요? O표 하고 답하세요.
아침에 달리는 거리 : 2.8 km, 저녁에 달리는 거리 : 3.16 km

풀이쓰고
③ 식을 쓰세요.
(아침과 저녁에 달리는 거리)
= (아침에 달리는 거리) (⊕ -) (저녁에 달리는 거리)
= 2.8 (⊕ -) 3.16 = 5.96 (km)
④ 답을 쓰세요.
아침과 저녁에 달리는 거리는 모두 5.96 km입니다.

대표문제 3

준영이는 고구마를 13.6 kg 캤고,
아버지는 준영이보다 4.7 kg 더 많이 캤습니다.
아버지가 캔 고구마는 몇 kg일까요?

문제읽고
① 무엇을 구하는 문제인가요? 구하는 것에 밑줄 치세요.
② 주어진 것은 무엇인가요? O표 하고 답하세요.
아버지 : 준영이가 캔 고구마 13.6 kg보다 4.7 kg 더 많이 캤습니다.

풀이쓰고
③ 식을 쓰세요.
(아버지가 캔 고구마 무게) = (준영이가 캔 고구마 무게) (⊕ -) (더 많이 캔 무게)
= 13.6 (⊕ -) 4.7 = 18.3 (kg)
④ 답을 쓰세요.
아버지가 캔 고구마는 18.3 kg입니다.

한단계 UP

4

100원짜리 동전의 무게는 5.42 g이고,
500원짜리 동전은 100원짜리 동전보다 2.28 g 더 무겁습니다.
500원짜리 동전과 100원짜리 동전의 무게의 합은 몇 g일까요?

문제읽고
① 무엇을 구하는 문제인가요? 구하는 것에 밑줄 치세요.
② 주어진 것은 무엇인가요? O표 하고 답하세요.
500원짜리 동전 : 100원짜리 동전의 무게 5.42 g보다 2.28 g 더 무겁습니다.

풀이쓰고
③ 500원짜리 동전의 무게를 구하세요.
(500원짜리 동전의 무게) = (100원짜리 동전의 무게) (⊕ -) (더 무거운 무게)
= 5.42 + 2.28 = 7.7 (g)
④ 두 동전의 무게의 합을 구하세요.
(두 동전의 무게의 합) = (500원짜리 동전의 무게) (⊕ -) (100원짜리 동전의 무게)
= 7.7 + 5.42 = 13.12 (g)
⑤ 답을 쓰세요.
두 동전의 무게의 합은 13.12 g 입니다.

◆◆ 문장제 실력쌓기 3

1

유나의 몸무게는 38.7 kg이고, 유나가 키우는 강아지의 무게는
6.4 kg입니다. 유나가 강아지를 안고 무게를 재면 몇 kg이 될까요?

풀이 (유나와 강아지의 무게)
= (유나의 몸무게) (⊕ -) (강아지의 무게)
= 38.7 + 6.4
= 45.1 (kg)

문제읽기 CHECK
□ 구하는 것에 밑줄, 주어진 것에 O표!
□ 유나의 몸무게는? 38.7 kg
□ 강아지의 무게는? 6.4 kg

답 45.1 kg

2

준호네 집에서 학교까지의 거리는 서희네 집에서 학교까지의 거리보
다 0.31 km 더 멉니다. 서희네 집에서 학교까지의 거리가 0.94 km
일 때, 준호네 집에서 학교까지의 거리는 몇 km일까요?

풀이 (준호네 집~학교의 거리)
= (서희네 집~학교의 거리) + (더 먼 거리)
= 0.94 + 0.31
= 1.25 (km)

문제읽기 CHECK
□ 구하는 것에 밑줄, 주어진 것에 O표!
□ 서희네 집에서 학교까지의 거리는? 0.94 km
□ 준호네 집에서 학교까지의 거리는? (서희네 집~학교)의 거리보다 0.31 km 더 멉다.

답 1.25 km

3

오른쪽 삼각형의 가장 긴 변과 가장
짧은 변의 길이의 합을 구하세요.

풀이 ① 가장 긴 변과 가장 짧은 변의 길이를 각각 구하세요.
0.97 > 0.83 > 0.39이므로
가장 긴 변의 길이는 0.97 m이고,
가장 짧은 변의 길이는 0.39 m입니다.
② 가장 긴 변과 가장 짧은 변의 길이의 합을 구하세요.
(가장 긴 변의 길이) + (가장 짧은 변의 길이)
= 0.97 + 0.39
= 1.36 (m)

문제읽기 CHECK
□ 구하는 것에 밑줄, 주어진 것에 O표!
□ 세 변의 길이는? 0.97 m 0.83 m 0.39 m

답 1.36 m

4

물을 수빈이는 2.4 L의 1/10 만큼, 동준이는 200 mL 마셨습니다. 두
사람이 마신 물은 모두 몇 L일까요?

풀이 ① 수빈이와 동준이가 마신 물의 양은 각각 몇 L인지 구하세요.
수빈 : 2.4 L의 1/10 은 0.24 L입니다.
동준 : 200 mL = 0.2 L입니다.

② 두 사람이 마신 물의 양의 합은 몇 L인지 구하세요.
(두 사람이 마신 물의 양)
= (수빈이가 마신 물의 양) + (동준이가 마신 물의 양)
= 0.24 + 0.2 = 0.44 (L)

문제읽기 CHECK
□ 구하는 것에 밑줄, 주어진 것에 O표!
□ 수빈이가 마신 물은? 2.4 L의 1/10
□ 동준이가 마신 물은? 200 mL

답 0.44 L

15 DAY 소수의 뺄셈

1

우유가 ①L 있었습니다.
태환이가 운동을 하고 우유를 마셨더니 ⓪.45 L가 남았습니다.
태환이가 마신 우유는 몇 L일까요?

문제읽고
❶ 무엇을 구하는 문제인가요? 구하는 것에 밑줄 치세요.
❷ 주어진 것은 무엇인가요? ○표 하고 답하세요.
　처음 우유의 양 : __1__ L, 남은 우유의 양 __0.45__ L

풀이쓰고
❸ 식을 쓰세요.
　(마신 우유의 양) = (처음 우유의 양) (+ ⊖) (남은 우유의 양)
　　　　　= __1__ (+ ⊖) __0.45__ = __0.55__ (L)
❹ 답을 쓰세요.
　태환이가 마신 우유는 __0.55 L__ 입니다.

2

오늘 아침 기온은 서울 ⑫.4도 제주도 ⑯.9도였겠습니다.
서울과 제주도 중 어느 곳의 기온이 몇 도 더 높았을까요?

문제읽고
❶ 무엇을 구하는 문제인가요? 구하는 것에 밑줄 치세요.
❷ 주어진 것은 무엇인가요? ○표 하고 답하세요.
　서울의 기온 : __12.4__ 도, 제주도의 기온 : __16.9__ 도

풀이쓰고
❸ 서울과 제주도의 기온을 비교하세요.
　12.4 (<) 16.9이므로 (서울 , 제주도)의 기온이 더 높습니다.
❹ 서울과 제주도의 기온의 차를 구하세요.
　(기온의 차) = (제주도의 기온) (+ ⊖) (서울의 기온)
　　　　　= __16.9__ (+ ⊖) __12.4__ = __4.5__ (도)
❺ 답을 쓰세요.
　__제주도__ 의 기온이 __4.5도__ 더 높았습니다.

3

오른쪽 직사각형의
세로는 가로보다 ①.65 m 더 짧습니다.
세로는 몇 m일까요?

4.23 m

문제읽고
❶ 무엇을 구하는 문제인가요? 구하는 것에 밑줄 치세요.
❷ 주어진 것은 무엇인가요? ○표 하고 답하세요.
　세로 : 가로 __4.23__ m보다 __1.65__ m 더 짧습니다.

풀이쓰고
❸ 식을 쓰세요.
　(세로) = (가로) (+ ⊖) (더 짧은 길이)
　　　　= __4.23__ (+ ⊖) __1.65__ = __2.58__ (m)
❹ 답을 쓰세요.
　세로는 __2.58 m__ 입니다.

4

수민이의 몸무게는 ④0.08 kg입니다.
민주의 몸무게는 수민이의 몸무게보다 ①.8 kg 더 가볍고,
다은이의 몸무게는 민주의 몸무게보다 ⓪.45 kg 더 가볍습니다.
다은이의 몸무게는 몇 kg일까요?

문제읽고
❶ 구하는 것에 밑줄 치고, 주어진 것에 ○표 하세요.

풀이쓰고
❷ 민주의 몸무게를 구하세요.
　(민주의 몸무게) = (수민이의 몸무게) (+ ⊖) (더 가벼운 무게)
　　　　　= __40.08__ (+ ⊖) __1.8__ = __38.28__ (kg)
❸ 다은이의 몸무게를 구하세요.
　(다은이의 몸무게) = (민주의 몸무게) (+ ⊖) (더 가벼운 무게)
　　　　　= __38.28__ (+ ⊖) __0.45__ = __37.83__ (kg)
❹ 답을 쓰세요.
　다은이의 몸무게는 __37.83 kg__ 입니다.

1

100 m를 호정이는 ⑱.5초에 달렸고, 하영이는 호정이보다 ②.6초
더 빨리 달렸습니다. 하영이는 100 m를 몇 초에 달렸을까요?

문제읽기 CHECK
□ 구하는 것에 밑줄, 주어진 것에 ○표!
□ 호정이의 기록은? __18.5__
□ 하영이의 기록은? 호정이보다 __2.6__ 초 더 빠르다.

풀이
(하영이가 달린 시간)
= (호정이가 달린 시간) (+ ⊖) (더 빨리 달린 시간)
= __18.5 − 2.6__
= __15.9__ (초)

답 15.9초

2

책만 들어 있는 가방의 무게는 ④.52 kg입니다. 빈 가방의 무게가
⓪.23 kg일 때 가방에 들어 있는 책의 무게는 몇 kg일까요?

문제읽기 CHECK
□ 구하는 것에 밑줄, 주어진 것에 ○표!
□ 책만 들어 있는 가방의 무게는? __4.52__ kg
□ 빈 가방의 무게는? __0.23__ kg

풀이
(책의 무게)
= (책만 들어 있는 가방의 무게) − (빈 가방의 무게)
= 4.52 − 0.23
= 4.29 (kg)

답 4.29 kg

3

공 던지기를 하여 진수는 ㉘.4 m를 던지고, 기석이는 ㊱.1 m를 던
졌습니다. 기석이는 진수보다 몇 m 더 멀리 던졌을까요?

문제읽기 CHECK
□ 구하는 것에 밑줄, 주어진 것에 ○표!
□ 진수가 던진 거리는? __28.4__ m
□ 기석이가 던진 거리는? __36.1__ m

풀이 (기석이가 던진 거리) − (진수가 던진 거리)
= 36.1 − 28.4
= 7.7 (m)

답 7.7 m

4

명수와 지우는 미술 시간에 색 테이프를 가지고 리본을 만들었습니다.
명수는 ①.6 m 중에서 ①.43 m를 사용하고, 지우는 ②.21 m 중에서
①.9 m를 사용하였습니다. 명수와 지우 중 누구의 색 테이프가 몇 m
더 많이 남았을까요?

문제읽기 CHECK
□ 구하는 것에 밑줄, 주어진 것에 ○표!
□ 명수가 사용한 색 테이프는? 1.6 m 중 __1.43__ m
□ 지우가 사용한 색 테이프는? 2.21 m 중 __1.9__ m

풀이
❶ 명수와 지우가 사용하고 남은 색 테이프의 길이를 각각 구하세요.
명수 : 1.6 − 1.43 = 0.17 (m)
지우 : 2.21 − 1.9 = 0.31 (m)

❷ 누구의 색 테이프가 몇 m 더 많이 남았는지 구하세요.
0.17 < 0.31이므로
지우의 색 테이프가 0.31 − 0.17 = 0.14 (m)
더 많이 남았습니다.

답 지우 0.14 m

16 DAY 수 카드 문제

1 카드를 한 번씩 모두 사용하여 가장 큰 소수 두 자리 수를 만드세요.

④ ② ⑦ ⓪

문제읽고 ❶ 구하는 것에 밑줄 치고, 주어진 것에 ○표 하세요.

풀이쓰고 ❷ 가장 큰 수를 만들려면 어떻게 해야 할까요?
높은 자리부터 (큰 , 작은) 수를 차례로 놓습니다.

❸ 소수 두 자리 수가 되려면 어떻게 해야 할까요?
소수점을 기준으로 오른쪽에 수가 (1개 , 2개 , 3개) 있도록 점(.) 카드를 놓습니다.

❹ 위의 방법대로 가장 큰 소수 두 자리 수를 만드세요.

7 . 4 2   소수 두 자리 수의 모양 □□□

❺ 답을 쓰세요.
가장 큰 소수 두 자리 수는 __7.42__ 입니다.

2 카드를 한 번씩 모두 사용하여 가장 작은 소수 세 자리 수를 만드세요.

⑧ ① ⑤ ⓪

문제읽고 ❶ 구하는 것에 밑줄 치고, 주어진 것에 ○표 하세요.

풀이쓰고 ❷ 가장 작은 수를 만들려면 어떻게 해야 할까요?
높은 자리부터 (큰 , 작은) 수를 차례로 놓습니다.

❸ 소수 세 자리 수가 되려면 어떻게 해야 할까요?
소수점을 기준으로 오른쪽에 수가 (1개 , 2개 , 3개) 있도록 점(.) 카드를 놓습니다.

❹ 위의 방법대로 가장 작은 소수 세 자리 수를 만드세요.

0 . 1 5 8

❺ 답을 쓰세요.
가장 작은 소수 세 자리 수는 __0.158__ 입니다.

3 카드를 한 번씩 모두 사용하여 소수 두 자리 수를 만들려고 합니다.
만들 수 있는 가장 큰 수와 가장 작은 수의 합을 구하세요.

③ ⑧ ② ⓪

문제읽고 ❶ 구하는 것에 밑줄 치고, 주어진 것에 ○표 하세요.

풀이쓰고 ❷ 만들 수 있는 소수 두 자리 수 중 가장 큰 수와 가장 작은 수를 각각 구하세요.
(가장 큰 수) 8 . 3 2   (가장 작은 수) 2 . 3 8

❸ 가장 큰 수와 가장 작은 수의 합을 구하세요.
(가장 큰 수) (+, -) (가장 작은 수)
= 8.32 + 2.38 = 10.7

❹ 답을 쓰세요.
가장 큰 수와 가장 작은 수의 합은 __10.7__ 입니다.

4 카드를 한 번씩 모두 사용하여 소수 한 자리 수를 만들려고 합니다.
만들 수 있는 가장 큰 수와 가장 작은 수의 차를 구하세요.

④ ⑨ ⑥ ⓪

문제읽고 ❶ 구하는 것에 밑줄 치고, 주어진 것에 ○표 하세요.

풀이쓰고 ❷ 만들 수 있는 소수 한 자리 수 중 가장 큰 수와 가장 작은 수를 각각 구하세요.
(가장 큰 수) 9 6 . 4   (가장 작은 수) 4 6 . 9

❸ 가장 큰 수와 가장 작은 수의 차를 구하세요.
(가장 큰 수) (+ , -) (가장 작은 수)
= 96.4 − 46.9 = 49.5

❹ 답을 쓰세요.
가장 큰 수와 가장 작은 수의 차는 __49.5__ 입니다.

문장제 실력쌓기 5

1 카드를 한 번씩 모두 사용하여 소수 두 자리 수를 만들려고 합니다. 만들 수 있는 수 중에서 소수 첫째 자리 숫자가 9인 가장 큰 수는 얼마일까요?

② ⑨ ⑤ ⓪

문제읽기 CHECK
□ 구하는 것에 밑줄,
　주어진 것에 ○표!
□ 소수 몇 자리 수?
　소수 두 자리 수
□ 소수 첫째 자리 숫자는?
　9
□ 가장 큰 수? 작은 수?
　가장 큰 수

풀이 먼저 소수 (한 , 두) 자리 수가 되도록 소수점을 찍은 다음
9를 소수 __첫째__ 자리에 놓습니다.
9를 제외한 남은 수를 (큰 , 작은) 수부터 차례로 놓습니다.

5 . 9 2

답 __5.92__

3 카드를 한 번씩 모두 사용하여 소수 두 자리 수를 만들려고 합니다. 만들 수 있는 가장 큰 수와 작은 수의 합을 구하세요.

⑥ ① ② ⓪

문제읽기 CHECK
□ 구하는 것에 밑줄,
　주어진 것에 ○표!
□ 소수 몇 자리 수?
　소수 두 자리 수
□ 합? 차?
　합

풀이 가장 큰 소수 두 자리 수 : 6.21
가장 작은 소수 두 자리 수 : 1.26
→ (합) = 6.21 + 1.26 = 7.47

답 __7.47__

2 카드를 한 번씩 모두 사용하여 가장 큰 소수 세 자리 수를 만들었습니다. 만든 수에서 3이 나타내는 수를 구하세요.

③ ⑦ ④ ⓪

문제읽기 CHECK
□ 구하는 것에 밑줄,
　주어진 것에 ○표!
□ 소수 몇 자리 수?
　소수 세 자리 수
□ 가장 큰 수? 작은 수?
　가장 큰 수

풀이 ❶ 가장 큰 소수 세 자리 수를 만드세요.
7 . 6 4 3

❷ 만든 수에서 3이 나타내는 수를 구하세요.
7.643에서
3은 소수 셋째 자리 숫자이므로 0.003을 나타냅니다.

답 __0.003__

4 카드를 한 번씩 모두 사용하여 소수를 만들려고 합니다. 만들 수 있는 가장 큰 소수 두 자리 수와 가장 작은 소수 한 자리 수의 차를 구하세요.

① ③ ⑤ ⓪

문제읽기 CHECK
□ 구하는 것에 밑줄,
　주어진 것에 ○표!
□ 소수 두 자리 수는?
　가장 (큰 , 작은) 수로
□ 소수 한 자리 수는?
　가장 (큰 , 작은) 수로
□ 합? 차?
　차

풀이 가장 큰 소수 두 자리 수 : 5.31
가장 작은 소수 한 자리 수 : 13.5
→ (차) = 13.5 − 5.31 = 8.19

답 __8.19__

1 풀이 ❶
1이	5개	→	5
0.1이	1개	→	0.1
0.01이	7개	→	0.07
			5.17

❷ 5.17은 오 점 일칠이라고 읽습니다.

답 **5.17, 오 점 일칠**

채점기준
❶ 소수를 쓰면	3점
❷ 소수를 읽으면	2점
	5점

2 풀이 ❶ (두 달 동안 자란 길이)
＝(오늘 잰 강낭콩의 길이)－(두 달 전에 잰 강낭콩의 길이)
＝0.9－0.42
❷＝0.48(m)

답 **0.48 m**

채점기준
❶ 식을 세우면	2점
❷ 두 달 동안 자란 길이를 구하면	3점
	5점

주의 받아내림에 주의하여 계산합니다.

3 풀이 ❶ (서윤이가 마신 우유의 양)
＝(민재가 마신 우유의 양)＋(더 많이 마신 우유의 양)
＝0.26＋0.17
❷＝0.43(L)

답 **0.43 L**

채점기준
❶ 식을 세우면	2점
❷ 서윤이가 마신 우유의 양을 구하면	3점
	5점

주의 받아올림에 주의하여 계산합니다.

4 풀이 ❶ 1000 m＝1 km이므로 1200 m＝1.2 km입니다.
❷ 0.21＜0.872＜1.2이므로
❸ 집에서 가까운 곳부터 순서대로 쓰면 시장, 학교, 공원입니다.

답 **시장, 학교, 공원**

채점기준
❶ 집~공원의 거리를 km 단위로 나타내면	2점
❷ 거리를 비교하면	3점
❸ 집에서 가까운 곳부터 순서대로 쓰면	1점
	6점

참고 소수의 크기 비교는 자연수 부분, 소수 첫째 자리, 소수 둘째 자리, 소수 셋째 자리 …… 순서로 비교합니다.

5 풀이 ❶ 만들 수 있는 가장 큰 소수 두 자리 수는 7.51이고, 가장 작은 소수 두 자리 수는 1.57입니다.
❷ 두 수의 차는 7.51－1.57＝5.94입니다.

답 **5.94**

채점기준
❶ 가장 큰 수와 가장 작은 수를 각각 만들면	각 2점
❷ ❶에서 만든 두 수의 차를 구하면	3점
	7점

참고 소수 두 자리 수 □.□□에서
• 가장 큰 수 : □ 안에 큰 수부터 차례로 써넣습니다.
• 가장 작은 수 : □ 안에 작은 수부터 차례로 써넣습니다.

6 풀이 ❶ 어떤 수를 □라고 하면
□－1.95＝2.47
□를 구하면
□＝2.47＋1.95＝4.42
❷ 어떤 수가 4.42이므로 바르게 계산하면
4.42＋1.95＝6.37입니다.

답 **6.37**

채점기준
❶ 어떤 수를 구하면	4점
❷ 바르게 계산하면	4점
	8점

76쪽

77쪽

7 풀이 ❶ (유진이네 모둠 기록)=9.7+8.2=17.9(초)
(기성이네 모둠 기록)=9.4+9.1=18.5(초)
❷ 17.9<18.5이므로 유진이네 모둠이
❸ 18.5-17.9=0.6(초) 더 빨리 들어왔습니다.

답 유진이네 모둠, 0.6초

채점기준

❶ 두 모둠의 이어달리기 기록을 각각 구하면	각 2점
❷ 누구네 모둠이 더 빨리 들어왔는지 구하면	2점
❸ 얼마나 더 빨리 들어왔는지 구하면	2점
	8점

참고 수가 작을수록 빨리 들어온 것입니다.

8 풀이 ❶ (사용한 색 테이프의 길이)
=(리본 모양을 만드는 데 사용한 길이)
　　+(선물을 포장하는 데 사용한 길이)
=2.4+1.76=4.16 (m)
❷ (남은 색 테이프의 길이)
=(처음 색 테이프의 길이)-(사용한 색 테이프의 길이)
=5-4.16=0.84 (m)

답 0.84 m

채점기준

❶ 사용한 색 테이프의 길이를 구하면	4점
❷ 남은 색 테이프의 길이를 구하면	4점
	8점

다른 풀이 (리본 모양을 만들고 남은 색 테이프의 길이)=5-2.4=2.6 (m)
(선물을 포장하고 남은 색 테이프의 길이)=2.6-1.76=0.84 (m)

똑 닮은 아빠와 아들

다른 부분 10군데를 찾아 ○표 해 주세요.

나는 아빠를 따라 아이스하키 선수가 되었어요!
왼쪽은 30년 전 아빠의 사진이고, 오른쪽은 지금 나의 모습이랍니다.
아빠의 모습을 보며 연습했는데 어디가 다른가요?
서로 다른 부분을 찾아보세요.

79쪽

수고하셨습니다.
다음 단원으로
넘어갈까요?

4. 사각형

18 DAY 개념 확인하기

수직과 수선 평행과 평행선

1 보기 에서 알맞은 말을 찾아 빈 곳에 써넣으세요.

보기   평행, 수직, 수선, 평행선

(1) 두 직선이 만나서 이루는 각이 직각일 때,
두 직선은 서로 __수직__ 이라고 합니다.

(2) 두 직선이 서로 수직으로 만나면
한 직선을 다른 직선에 대한 __수선__ 이라고 합니다.

(3) 서로 만나지 않는 두 직선을 __평행__ 하다고 합니다.

(4) 평행한 두 직선을 __평행선__ 이라고 합니다.

2 그림을 보고 빈 곳에 알맞은 기호를 써넣으세요.

(1) 직선 나와 수직으로 만나는 직선 → 직선 __바__

(2) 직선 가에 대한 수선 → 직선 __다__ 와 직선 __마__

(3) 평행선 → 직선 __다__ 와 직선 __마__

평행선 사이의 거리

3 직선 가와 직선 나는 서로 평행합니다. 평행선 사이의 거리를 나타내는 선분을 찾아 ○표 하세요.

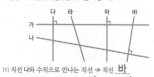

여러 가지 사각형

4 빈 곳에 알맞은 사각형의 이름을 쓰세요.

(1) 평행한 변이 한 쌍이라도 있는 사각형 → 예 __사다리꼴__

(2) 마주 보는 두 쌍의 변이 서로 평행한 사각형 → 예 __평행사변형__

(3) 네 변의 길이가 모두 같은 사각형 → 예 __마름모__

(4) 네 각의 크기가 모두 같은 사각형 → 예 __직사각형__

평행사변형의 성질

5 평행사변형입니다. ☐ 안에 알맞은 수를 써넣으세요.

(1)

(2)
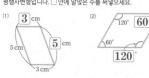

마름모의 성질

6 마름모입니다. ☐ 안에 알맞은 수를 써넣으세요.

(1)

(2)
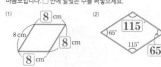

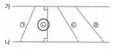

19 DAY 수직과 평행

1 오른쪽 도형에서
직선 나에 대한 수선을 찾아 쓰세요.

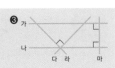

문제읽고
❶ 무엇을 구하는 문제인가요? 구하는 것에 밑줄 치세요.
❷ 수선은 무엇일까요? 알맞은 말에 ○표 하세요.
　수선은 서로 수직, 즉 (예각, (직각), 둔각)으로 만나는 두 직선입니다.

풀이쓰고
❸ 위의 그림에 두 직선이 만나서 이루는 각이 직각인 곳을 모두 찾아 ⌐로 표시하세요.
❹ 직선 나에 대한 수선을 찾아 ○표 하세요.
　직선 나와 수직으로 만나는 직선을 찾으면 직선 (가, 다, 라, (마))입니다.
❺ 답을 쓰세요.
　직선 나에 대한 수선은 **직선 마** 입니다.

2 오른쪽 도형에서 찾을 수 있는
평행선은 모두 몇 쌍일까요?

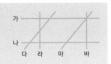

문제읽고
❶ 무엇을 구하는 문제인가요? 구하는 것에 밑줄 치세요.
❷ 평행선은 무엇일까요? 알맞은 말에 ○표 하세요.
　평행선은 서로 평행한, 즉 (수직으로 만나는, (만나지 않는)) 두 직선입니다.

풀이쓰고
❸ 평행선을 모두 찾아 쓰세요.
　평행한 두 직선을 모두 찾으면
　직선 가와 직선 **나** , 직선 다와 직선 **마** , 직선 라와 직선 **바** 입니다.
❹ 답을 쓰세요.
　평행선은 모두 **3쌍** 입니다.

84쪽

---

3 오른쪽 도형에서
평행선 사이의 거리는 몇 cm일까요?

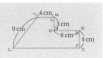

문제읽고
❶ 무엇을 구하는 문제인가요? 구하는 것에 밑줄 치세요.
❷ 평행선 사이의 거리는 무엇일까요? 알맞은 말을 써넣으세요.
　평행선 사이의 거리는 평행선 사이의 **수선** 의 길이입니다.

풀이쓰고
❸ 평행선을 찾아 쓰세요.　변 ㄱㄴ과 변 **ㄴㄷ** .
❹ 평행선의 거리를 구하세요.
　변 ㄱㄴ과 변 ㄴㄷ 사이의 수선을 찾으면 (선분 ㄴㄷ, (선분 ㄹㄷ), 선분 ㄱㄷ)입니다.
　평행선 사이의 거리는 선분 **ㄹㄷ** 의 길이이므로 **8** cm입니다.
❺ 답을 쓰세요.
　평행선 사이의 거리는 **8 cm** 입니다.

4 변 ㄱㅂ과 변 ㄴㄷ은 서로 (평행)합니다.
변 ㄱㅂ과 변 ㄴㄷ 사이의 거리는
몇 cm일까요?

문제읽고
❶ 구하는 것에 밑줄 치고, 주어진 것에 ○표 하세요.

풀이쓰고
❷ 오른쪽 그림에 변 ㄱㅂ과 변 ㄴㄷ 사이에 수선을 그어 보세요. [예]
❸ 변 ㄱㅂ과 변 ㄴㄷ 사이의 거리를 구하세요.
　(변 ㄱㅂ과 변 ㄴㄷ 사이의 거리)
　=(변 ㅂㅁ)+(변 ㄹㄷ)
　= **3** + **4** = **7** (cm)
❹ 답을 쓰세요.
　변 ㄱㅂ과 변 ㄴㄷ 사이의 거리는 **7 cm** 입니다.

85쪽

문장제 실력쌓기 1

1 오른쪽 도형에서 서로 수직인 변은 모두 몇 쌍일까요?

[문제읽기 CHECK]
□ 구하는 것에 밑줄,
　직각에 ⌐로 표시!

풀이 만나서 이루는 각이 직각인 두 변을 찾으면
변 ㄴㄱ과 변 **ㅁㄱ** , 변 ㄴㄷ과 변 **ㄷㄹ** ,
변 ㅁㄹ과 변 **ㄷㄹ** 입니다.
따라서 서로 수직인 변은 모두 **3** 쌍입니다.

답 **3쌍**

2 오른쪽 도형에서 찾을 수 있는 평행선은 모두 몇 쌍일까요?

[문제읽기 CHECK]
□ 구하는 것에 밑줄!
□ 평행선은?
　아무리 길게 늘여도 서로
　(만난다, (만나지 않는다))

풀이 서로 평행한 선분은
선분 ㄴㄷ과 선분 ㄱㄹ, 선분 ㄱㄷ과 선분 ㅁㄹ이므로
평행선은 모두 2쌍입니다.

답 **2쌍**

3 세 직선 가, 나, 다가 서로 (평행)할 때 직선 가와 직선 다 사이의 거리는
몇 cm일까요?

[문제읽기 CHECK]
□ 구하는 것에 밑줄,
　주어진 것에 ○표!
□ 직선 가와 직선 나 사이
　의 거리는?　**5** cm
□ 직선 나와 직선 다 사이
　의 거리는?　**8** cm

풀이
(직선 가와 직선 다 사이의 거리)
=(직선 가와 직선 나 사이의 거리)+(직선 나와 직선 다 사이의 거리)
=5+8=13 (cm)

답 **13 cm**

4 오른쪽 도형에서 변 ㄱㄴ과 변 ㄹㄷ 사이의 거리는 18 cm입니다. 변 ㅁㄹ의 길이는 몇 cm 일까요?

[문제읽기 CHECK]
□ 구하는 것에 밑줄,
　주어진 것에 ○표!
□ 변 ㄱㄴ과 변 ㄹㄷ 사이의
　거리는?　**18** cm
□ 길이가 18 cm인 변은?
　(변 ㄱㄴ, (변 ㄴㄷ))

풀이 ❶ 변 ㄱㄴ과 변 ㄹㄷ 사이의 거리를 두 변의 길이의 합으로 나타내요.
(변 ㄱㅂ)+(변 ㅁㄹ)
❷ 변 ㅁㄹ의 길이를 구하세요.
변 ㄱㅂ과 변 ㅁㄹ의 길이의 합이 18 cm이므로
6+(변 ㅁㄹ)=18
(변 ㅁㄹ)=18-6=12 (cm)

답 **12 cm**

86쪽   87쪽

4. 사각형 ▪ 23

20 DAY 여러 가지 사각형

대표문제 1

오른쪽 도형은 <u>사다리꼴</u>인가요?
그렇게 생각한 이유를 쓰세요.

문제읽고

❶ 무엇을 구하는 문제인가요? 구하는 것에 밑줄 치세요.

풀이쓰고

❷ 사다리꼴은 어떤 사각형인지 알맞은 말에 ○표 하세요.
사다리꼴은 평행한 변이 (<u>한</u>, 두) 쌍이라도 있는 사각형입니다.

❸ 위의 도형에는 평행한 변이 있나요? (<u>예</u>, 아니오)

❹ 답과 이유를 쓰세요.
도형은 (<u>사다리꼴입니다</u>, 사다리꼴이 아닙니다).
왜냐하면 <u>예) 평행한 변이 있기</u> 때문입니다.
<u>(또는 평행한 변이 두 쌍 있기)</u>

한번 더 OK 2

오른쪽 도형은 평행사변형인가요?
그렇게 생각한 이유를 쓰세요.

문제읽고

❶ 무엇을 구하는 문제인가요? 구하는 것에 밑줄 치세요.

풀이쓰고

❷ 평행사변형은 어떤 사각형인지 쓰세요. ──<u>마주 보는 두 쌍의 변이 서로 평행한</u>
평행사변형은 ＿＿＿＿＿＿＿＿＿＿ 사각형입니다.

❸ 위의 도형은 마주 보는 두 쌍의 변이 서로 평행한가요? (예, <u>아니오</u>)

❹ 답과 이유를 쓰세요.
도형은 (평행사변형입니다, <u>평행사변형이 아닙니다</u>).
왜냐하면 <u>예) 마주 보는 한 쌍의 변만 평행하기</u> 때문입니다.

대표문제 3

평행사변형은 마름모라고 할 수 있나요?
그렇게 생각한 <u>이유를 쓰세요.</u>

문제읽고

❶ 무엇을 구하는 문제인가요? 구하는 것에 밑줄 치세요.

풀이쓰고

❷ 마름모는 어떤 사각형인지 알맞은 말에 ○표 하세요.
마름모는 (<u>네 변의 길이</u>, 네 각의 크기)가 모두 같은 사각형입니다.

❸ 평행사변형은 네 변의 길이가 모두 같은가요? (예, <u>아니오</u>)

❹ 답과 이유를 쓰세요.
평행사변형은 마름모라고 할 수 (있습니다, <u>없습니다</u>).
왜냐하면 평행사변형은 ＿＿＿＿＿＿＿＿＿＿ 때문입니다.
<u>예) 마주 보는 두 변끼리만 같기</u>
<u>(또는 네 변의 길이가 모두 같지 않기)</u>

한번 더 OK 4

마름모는 정사각형이라고 할 수 있나요?
그렇게 생각한 <u>이유를 쓰세요.</u>

문제읽고

❶ 무엇을 구하는 문제인가요? 구하는 것에 밑줄 치세요.

풀이쓰고

❷ 정사각형은 어떤 사각형인지 쓰세요.
정사각형은 <u>네 변의 길이가 모두 같고</u>
<u>네 각의 크기가 모두 같은</u> 사각형입니다.

❸ 마름모는 네 변의 길이가 모두 같은가요? (<u>예</u>, 아니오)
마름모는 네 각의 크기가 모두 같은가요? (예, <u>아니오</u>)

❹ 답과 이유를 쓰세요.
마름모는 정사각형이라고 할 수 (있습니다, <u>없습니다</u>).
왜냐하면 마름모는 <u>예) 네 변의 길이는 모두 같지만</u>
<u>네 각의 크기가 모두 같지 않기</u> 때문입니다.

문장제 실력쌓기 2

1

오른쪽 도형은 <u>정사각형</u>인가요? 그렇게 생각
한 <u>이유를 쓰세요.</u>

문제읽기 CHECK
☐ 구하는 것에 밑줄!
☐ 정사각형은?
• <u>네</u> 변의 길이가
모두 같다.
• <u>네</u> 각의 크기가
모두 같다.

답 정사각형이 아닙니다.

이유 도형은 네 각의 크기는 <u>모두 같지만</u>
네 변의 길이는 <u>모두 같지 않기</u> 때문입니다.

2

평행사변형은 사다리꼴이라고 할 수 있나요? 그렇게 생각한 <u>이유를</u>
<u>쓰세요.</u>

문제읽기 CHECK
☐ 구하는 것에 밑줄!
☐ 평행사변형은?
마주 보는 <u>두</u> 쌍의
변이 서로 평행하다.
☐ 사다리꼴은?
평행한 변이 <u>한</u> 쌍
이라도 있다.

답 사다리꼴이라고 할 수 있습니다.

이유 예) 평행사변형은 마주 보는 두 쌍의 변이
서로 평행한 사각형입니다.
(또는 평행사변형에는 평행한 변이 있기
때문에 사다리꼴이라고 할 수 있습니다.)

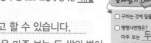

3

마름모와 직사각형의 공통점과 차이점을 한 가지씩 쓰세요.

문제읽기 CHECK
☐ 구하는 것에 밑줄!
☐ 비교해야 하는 두 사각
형은? <u>마름모</u>와 <u>직사각형</u>

답 ❶ 마름모와 직사각형의 공통점을 쓰세요.
예) 마주 보는 두 쌍의 변이 서로 평행합니다.
(또는 마주 보는 두 변의 길이가 같습
니다.)

❷ 마름모와 직사각형의 차이점을 쓰세요.
예) 직사각형은 네 각의 크기가 모두 같지만
마름모는 네 각의 크기가 모두 같지 않습니다.
(또는 마름모는 네 변의 길이가 모두 같지만
직사각형은 네 변의 길이가 모두 같지 않습니다.)

4

오른쪽 그림과 같이 크기가 다른 <u>직사각형</u>모
양의 <u>종이테이프</u>를 겹쳐 붙였습니다. 겹쳐진
<u>부분은 어떤 사각형이 되는지 쓰고, 그 이유를</u>
<u>쓰세요.</u>

문제읽기 CHECK
☐ 구하는 것에 밑줄,
주어진 것에 ○표!
☐ 종이테이프는 어떤 사각
형? <u>직사각형</u>

답 평행사변형

이유 예) 종이테이프가 직사각형이므로
변 ㄱㄴ과 변 ㄹㄷ, 변 ㄴㄷ과 변 ㄱㄹ이 각각 서로 평행합니다.
따라서 겹쳐진 부분은 마주 보는 두 쌍의 변이 서로 평행한
사각형이므로 평행사변형입니다.

정답

21 DAY 변의 길이, 각도 구하기

대표 문장제 익히기 3   월   일

1 오른쪽 도형은 평행사변형입니다. 네 변의 길이의 합은 몇 cm일까요?

문제읽고
❶ 구하는 것에 밑줄 치고, 주어진 것에 ○표 하세요.

풀이쓰고
❷ 변 ㄴㄷ과 변 ㄹㄷ의 길이를 각각 구하세요.
평행사변형은 마주 보는 두 변의 길이가 (같으므로, 다르므로)
(변 ㄱㄹ) = 7 cm, (변 ㄹㄷ) = (변 ㄱㄴ) = 5 cm
❸ 평행사변형의 네 변의 길이의 합을 구하세요.
(네 변의 길이의 합) = (변 ㄱㄴ) + (변 ㄴㄷ) + (변 ㄹㄷ) + (변 ㄱㄹ)
= 5+7+5+7 = 24 (cm)
❹ 답을 쓰세요.
평행사변형의 네 변의 길이의 합은 24 cm 입니다.

2 오른쪽 도형은 마름모입니다. 네 변의 길이의 합은 몇 cm일까요?

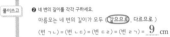

문제읽고
❶ 구하는 것에 밑줄 치고, 주어진 것에 ○표 하세요.

풀이쓰고
❷ 네 변의 길이를 각각 구하세요.
마름모는 네 변의 길이가 모두 (같으므로, 다르므로)
(변 ㄱㄴ) = (변 ㄴㄷ) = (변 ㄷㄹ) = (변 ㄹㄱ) = 9 cm
❸ 마름모의 네 변의 길이의 합을 구하세요.
(네 변의 길이의 합) = 9+9+9+9 = 36 (cm)
❹ 답을 쓰세요.
마름모의 네 변의 길이의 합은 36 cm 입니다.

92쪽

3 오른쪽 마름모에서 ㉠의 각도를 구하세요.

문제읽고
❶ 구하는 것에 밑줄 치고, 주어진 것에 ○표 하세요.

풀이쓰고
❷ ㉠의 각도를 구하세요.
마름모에서 이웃한 두 각의 크기의 합은 180° 이므로
㉠ + (각 ㄴㄱㄹ) = 180°.
→ ㉠ = 180° - 120° = 60°.
❸ 답을 쓰세요.
㉠의 각도는 60° 입니다.

4 오른쪽 평행사변형에서 각 ㄱㄷㄹ의 크기를 구하세요.

문제읽고
❶ 구하는 것에 밑줄 치고, 주어진 것에 ○표 하세요.

풀이쓰고
❷ 각 ㄴㄷㄹ의 크기를 구하세요.
평행사변형에서 이웃한 두 각의 크기의 합은 180° 이므로
(각 ㄱㄴㄷ) + (각 ㄴㄷㄹ) = 180°.
→ (각 ㄴㄷㄹ) = 180° - 70° = 110°.
❸ 각 ㄱㄷㄹ의 크기를 구하세요.
(각 ㄱㄷㄹ) = (각 ㄴㄷㄹ) - (각 ㄴㄷㄱ)
= 110° - 50° = 60°.
❹ 답을 쓰세요.
각 ㄱㄷㄹ의 크기는 60° 입니다.

93쪽

문장제 실력쌓기 3

1 오른쪽 도형은 평행사변형입니다. 네 변의 길이의 합은 몇 cm일까요?

풀이
❶ 변 ㄱㄹ과 변 ㄹㄷ의 길이를 각각 구하세요.
평행사변형은 마주 보는 두 변의 길이가 같으므로
(변 ㄱㄹ) = ㄴㄷ = 6 cm이고,
(변 ㄹㄷ) = (변 ㄱㄴ) = 3 cm입니다.
❷ 평행사변형의 네 변의 길이의 합을 구하세요.
(네 변의 길이의 합) = 3+6+3+6
= 18 (cm)

답 18 cm

문제읽기 CHECK
□ 구하는 것에 밑줄, 주어진 것에 ○표!
□ 사각형 ㄱㄴㄷㄹ은? 평행사변형
□ 변 ㄴㄷ의 길이는? 3 cm
□ 변 ㄴㄷ의 길이는? 6 cm

2 오른쪽 평행사변형에서 각 ㄱㄴㄷ의 크기는 몇 도일까요?

풀이 평행사변형에서 이웃한 두 각의 크기의 합은 180°이므로
(각 ㄱㄴㄷ) + 100° = 180°
→ (각 ㄱㄴㄷ) = 180° - 100° = 80°

답 80°

문제읽기 CHECK
□ 구하는 것에 밑줄, 주어진 것에 ○표!
□ 사각형 ㄱㄴㄷㄹ은? 평행사변형
□ 각 ㄴㄷㄹ의 크기는? 100°

3 사각형 ㄱㄴㄷㄹ은 마름모입니다. 변 ㄴㄷ를 길게 늘였을 때, ㉠의 각도를 구하세요.

풀이
마름모는 마주 보는 두 각의 크기가 같으므로
(각 ㄴㄷㄹ) = (각 ㄴㄱㄹ) = 130°
한 직선이 이루는 각도는 180°이므로
㉠ = 180° - (각 ㄴㄷㄹ)
= 180° - 130° = 50°

답 50°

문제읽기 CHECK
□ 구하는 것에 밑줄, 주어진 것에 ○표!
□ 사각형 ㄱㄴㄷㄹ은? 마름모
□ 각 ㄴㄱㄹ의 크기는? 130°

4 사각형 ㄱㄴㄷㄹ은 평행사변형입니다. 네 변의 길이의 합이 32 cm일 때, 변 ㄱㄹ의 길이는 몇 cm일까요?

풀이
평행사변형은 마주 보는 두 변의 길이가 같으므로
(변 ㄹㄷ) = (변 ㄱㄴ) = 7 cm, (변 ㄱㄹ) = (변 ㄴㄷ)입니다.
네 변의 길이의 합이 32 cm이므로
(변 ㄱㄹ) + 7 + (변 ㄴㄷ) + 7 = 32
→ (변 ㄱㄹ) + (변 ㄴㄷ) = 32 - 7 - 7 = 18 (cm)
(변 ㄱㄹ) = (변 ㄴㄷ) = 18 ÷ 2 = 9 (cm)

답 9 cm

문제읽기 CHECK
□ 구하는 것에 밑줄, 주어진 것에 ○표!
□ 사각형 ㄱㄴㄷㄹ은? 평행사변형
□ 사각형의 네 변의 길이의 합은? 32 cm

94쪽

95쪽

4. 사각형 • 25

1 풀이 ❶ 직선 나와 수직으로 만나는 직선을 찾으면
직선 다, 직선 마, 직선 사이므로
❷ 직선 나에 대한 수선은 모두 3개입니다.

답 **3개**

채점기준

❶ 직선 나에 대한 수선을 모두 찾으면	4점
❷ 직선 나에 대한 수선의 수를 구하면	1점
	5점

2 풀이 ❶ (직선 가와 직선 다 사이의 거리)
=(직선 가와 직선 나 사이의 거리)
　+(직선 나와 직선 다 사이의 거리)
=4+6
❷=10 (cm)

답 **10 cm**

채점기준

❶ 식을 세우면	3점
❷ 직선 가와 직선 다 사이의 거리를 구하면	2점
	5점

3 풀이 ❶ 마름모는 네 변의 길이가 모두 같으므로
(네 변의 길이의 합)=3+3+3+3
❷=12 (cm)

답 **12 cm**

채점기준

❶ 식을 세우면	3점
❷ 네 변의 길이의 합을 구하면	2점
	5점

4 답 ❶ 사다리꼴입니다.

이유 ❷ 예 도형에는 평행한 변이 있기(또는 평행한 변이 두 쌍 있기)
때문입니다.

채점기준

❶ 주어진 도형이 사다리꼴인지 아닌지 쓰면	2점
❷ 그렇게 생각한 이유를 쓰면	3점
	5점

주의 주어진 도형이 사다리꼴인지 아닌지 쓰고, 그렇게 생각한 이유도
써야 합니다.

참고 '한 쌍의 변이 평행하다'는 의미가 포함되어 있으면 이유를 바르게
쓴 것입니다.

5 공통점 ❶ 예 마주 보는 두 쌍의 변이 서로 평행합니다.
(또는 마주 보는 두 변의 변의 길이가 같습니다.
4개의 선분으로 둘러싸여 있습니다.)

차이점 ❷ 예 직사각형은 네 각의 크기가 모두 같지만
평행사변형은 마주 보는 두 각의 크기가 같습니다.

채점기준

❶ 공통점을 쓰면	3점
❷ 차이점을 쓰면	3점
	6점

6 풀이 ❶ 평행사변형은 마주 보는 두 변의 길이가 같으므로
(변 ㄱㄴ)=(변 ㄹㄷ), (변 ㄴㄷ)=(변 ㄱㄹ)=9 cm입니다.
❷ 네 변의 길이의 합이 30 cm이므로
(변 ㄱㄴ)+9+(변 ㄹㄷ)+9=30
→ (변 ㄱㄴ)+(변 ㄹㄷ)=30-9-9=12 (cm)
❸ (변 ㄱㄴ)=(변 ㄹㄷ)=12÷2=6 (cm)

답 **6 cm**

채점기준

❶ 평행사변형에서 마주 보는 두 변의 길이가 같음을 알면	2점
❷ 변 ㄱㄴ과 변 ㄹㄷ의 길이의 합을 구하면	3점
❸ 변 ㄱㄴ의 길이를 구하면	2점
	7점

다른 풀이 평행사변형은 마주 보는 두 변의 길이가 같고,
평행사변형 ㄱㄴㄷㄹ의 네 변의 길이의 합이 30 cm이므로
(변 ㄱㄴ)+(변 ㄱㄹ)=30÷2=15 (cm)입니다.
(변 ㄱㄴ)+9=15, (변 ㄱㄴ)=15-9=6 (cm)

96쪽

97쪽

7 풀이

❶ 작은 사각형 1개로 된 평행사변형: ① → 1개
작은 사각형 2개로 된 평행사변형: ②③, ③④ → 2개
작은 사각형 3개로 된 평행사변형: ①②③ → 1개
❷ 따라서 크고 작은 평행사변형은 모두 1+2+1=4(개)입니다.

답 4개

채점기준

❶ 작은 사각형 1개, 2개, 3개로 이루어진 평행사변형의 수를 각각 구하면	각 2점
❷ 크고 작은 평행사변형의 수를 구하면	1점
	7점

8 풀이
❶ 마름모 ㄱㄴㄷㅂ에서 이웃한 두 각의 크기의 합은 180°이므로
$120° + (각 ㄴㄷㅂ) = 180°$,
$(각 ㄴㄷㅂ) = 180° - 120° = 60°$
❷ 마찬가지로 마름모 ㅂㄷㄹㅁ에서
$100° + (각 ㅂㄷㄹ) = 180°$,
$(각 ㅂㄷㄹ) = 180° - 100° = 80°$
❸ $(각 ㄴㄷㄹ) = (각 ㄴㄷㅂ) + (각 ㅂㄷㄹ)$
$= 60° + 80° = 140°$

답 140°

채점기준

❶ 각 ㄴㄷㅂ의 크기를 구하면	3점
❷ 각 ㅂㄷㄹ의 크기를 구하면	3점
❸ 각 ㄴㄷㄹ의 크기를 구하면	2점
	8점

참고 마름모는 마주 보는 두 각의 크기가 같고, 사각형의 네 각의 크기의 합이 360°이므로 이웃한 두 각의 크기의 합은 180°입니다.

쉬어가기

꼭꼭 숨어라

그림자를 찾아 ○표 해 주세요.

꼭꼭 숨어라! 머리카락 보일라!
재미있는 숨바꼭질 놀이 중이에요.
술래인 나는 얼른 친구들을 찾아야 해요.
그런데 저기, 개구쟁이 원숭이와 코끼리의 그림자가 보이는 것 같아요!
어디에 숨었는지 찾아 주세요.

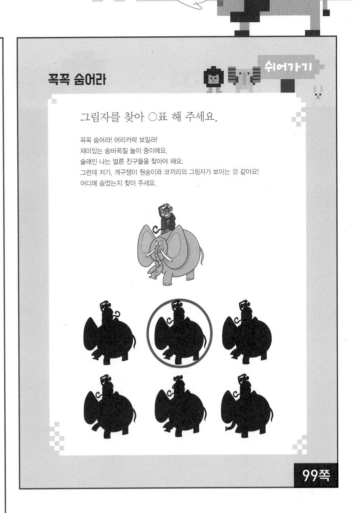

99쪽

5. 다각형

서술형 문제의 풀이, 이렇게 쓰면 만점!
그런데 너희가 쓴 풀이와 조금 다르다고?
또, 제시된 풀이와 다른 방법으로 풀었다고?
괜찮아. 중요한 설명이 모두 맞았다면 OK!

23 DAY 개념 확인하기

월 · 일

다각형

1 빈 곳에 알맞은 말을 써넣으세요.

> 삼각형, 사각형처럼 선분으로만 둘러싸인 도형을
> __다각형__ 이라고 합니다.

2 다각형을 찾아 ○표 하세요.

정다각형

3 빈 곳에 알맞은 말을 써넣으세요.

> 변의 길이가 모두 같고, 각의 크기가 모두 같은 다각형을
> __정다각형__ 이라고 합니다.

4 정다각형의 변의 수를 세어 보고, 이름을 쓰세요.

(1)
변의 수 : __3__ 개
이름 : __정삼각형__

(2)
변의 수 : __6__ 개
이름 : __정육각형__

정다각형의 성질

5 정다각형입니다. □ 안에 알맞은 수를 써넣으세요.

(1) 12 cm → __12__ cm

(2) 108° → __108__°

대각선

6 빈 곳에 알맞은 말을 써넣으세요.

> 다각형에서 서로 이웃하지 않는 두 꼭짓점을 이은 선분을
> __대각선__ 이라고 합니다.

7 직사각형에 대각선을 옳게 나타낸 것에 ○표 하세요.

사각형의 대각선

8 사각형에 대각선을 그어 보고, 알맞은 사각형의 기호를 모두 쓰세요.

(1) 한 대각선이 다른 대각선을 똑같이 둘로 나누는 사각형
→ __가, 나, 라__

(2) 두 대각선이 서로 수직으로 만나는 사각형
→ __나, 라__

102쪽

103쪽

24 DAY 변의 길이, 각도 구하기

1

한 변이 4 cm인 정팔각형 모양의 종이가 있습니다.
종이의 모든 변의 길이의 합은 몇 cm일까요?

4 cm

문제읽고
❶ 무엇을 구하는 문제인가요? 구하는 것에 밑줄 치세요.
❷ 주어진 것은 무엇인가요? ○표 하고 답하세요.
도형 : __정팔각형__　한 변의 길이 : __4__ cm

풀이쓰고
❸ 정팔각형의 모든 변의 길이의 합을 구하세요.
정팔각형은 변이 __8__ 개이고, 변의 길이가 모두 (같습니다 . 다릅니다).
(모든 변의 길이의 합) = (한 변의 길이) (+ . ⊗) (변의 수)
　　　= __4__ (+ . ⊗) __8__ = __32__ (cm)
❹ 답을 쓰세요.
모든 변의 길이의 합은 __32 cm__ 입니다.

2

정오각형의 모든 변의 길이의 합이 60 cm입니다.
정오각형의 한 변의 길이는 몇 cm일까요?

문제읽고
❶ 무엇을 구하는 문제인가요? 구하는 것에 밑줄 치세요.
❷ 주어진 것은 무엇인가요? ○표 하고 답하세요.
도형 : __정오각형__　모든 변의 길이의 합 : __60 cm__

풀이쓰고
❸ 정오각형의 한 변의 길이를 구하세요.
정오각형은 변이 __5__ 개이고, 변의 길이가 모두 (같습니다 . 다릅니다).
(한 변의 길이) = (모든 변의 길이의 합) (× . ÷) (변의 수)
　　　= __60__ (× . ÷) __5__ = __12__ (cm)
❹ 답을 쓰세요.
정오각형의 한 변의 길이는 __12 cm__ 입니다.

3

오각형의 다섯 각의 크기의 합은 몇 도일까요?

문제읽고
❶ 무엇을 구하는 문제인가요? 구하는 것에 밑줄 치세요.
❷ 삼각형의 세 각의 크기의 합은 몇 도인가요? __180__ °

풀이쓰고
❸ 오각형은 몇 개의 삼각형으로 나눌 수 있나요? __3__ 개
❹ 오각형의 다섯 각의 크기의 합을 구하세요.
(오각형의 다섯 각의 크기의 합) = (삼각형의 세 각의 크기의 합) × (삼각형의 수)
　　　= __180__ × __3__ = __540__ °
❺ 답을 쓰세요.
오각형의 다섯 각의 크기의 합은 __540°__ 입니다.

4

정육각형의 한 각의 크기는 몇 도일까요?

문제읽고
❶ 무엇을 구하는 문제인가요? 구하는 것에 밑줄 치세요.

풀이쓰고
❷ 정육각형은 몇 개의 삼각형으로 나눌 수 있나요? __4__ 개
❸ 정육각형의 여섯 각의 크기의 합을 구하세요.
(정육각형의 여섯 각의 크기의 합) = (삼각형의 세 각의 크기의 합) × (삼각형의 수)
　　　= __180__ × __4__ = __720__ °
❹ 정육각형의 한 각의 크기를 구하세요.
정육각형은 6개의 각의 크기가 모두 같으므로
(한 각의 크기) = __720__ ÷ __6__ = __120__ °
❺ 답을 쓰세요.　정육각형의 한 각의 크기는 __120°__ 입니다.

문장제 실력쌓기 1

1

찬성이는 한 변의 길이가 100 m인 정육각형 모양의 호수 둘레를 한 바퀴 달렸습니다. 찬성이가 달린 거리는 몇 m일까요?

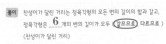

문제읽기 CHECK
□ 구하는 것에 밑줄,
　주어진 것에 ○표!
□ 도형은? __정육각형__
□ 한 변의 길이? __100__ m

풀이 찬성이가 달린 거리는 정육각형의 모든 변의 길이의 합과 같고,
정육각형은 __6__ 개의 변의 길이가 모두 (같으므로 . 다르므로)
(찬성이가 달린 거리)
= (한 변의 길이) × (정육각형의 변의 수)
= __100 × 6__
= __600__ (m)

답 __600 m__

2

길이가 96 cm인 철사를 겹치지 않게 모두 사용하여 정팔각형 모양을 만들었습니다. 정팔각형의 한 변의 길이는 몇 cm일까요?

문제읽기 CHECK
□ 구하는 것에 밑줄,
　주어진 것에 ○표!
□ 도형은? __정팔각형__
□ 철사의 길이는? __96__ cm

풀이 정팔각형은 8개의 변의 길이가 모두 같으므로
(한 변의 길이) = (모든 변의 길이의 합) ÷ (변의 수)
　　　= 96 ÷ 8 = 12 (cm)

답 12 cm

3

칠각형의 일곱 각의 크기의 합은 몇 도일까요? ❶ 예

문제읽기 CHECK
□ 구하는 것에 밑줄!
□ 도형은? __칠각형__
□ 삼각형의 세 각의 크기
　의 합은? __180°__

풀이 ❶ 위의 칠각형을 삼각형으로 나누세요.
❷ 칠각형의 모든 각의 크기의 합을 구하세요.
칠각형은 삼각형 5개로 나눌 수 있으므로
(칠각형의 일곱 각의 크기의 합)
= (삼각형의 세 각의 크기의 합) × (삼각형의 수)
= 180° × 5 = 900°

답 __900°__

4

정팔각형의 한 각의 크기는 몇 도일까요? ❶ 예

문제읽기 CHECK
□ 구하는 것에 밑줄!
□ 도형은? __정팔각형__

풀이 ❶ 위의 정팔각형을 삼각형으로 나누고, 정팔각형의 모든 각의 크기의 합을 구하세요.
정팔각형은 삼각형 6개로 나눌 수 있으므로
(정팔각형의 모든 각의 크기의 합)
= (삼각형의 세 각의 크기의 합) × (삼각형의 수)
= 180° × 6 = 1080°
❷ 정팔각형의 한 각의 크기를 구하세요.
정팔각형은 8개의 각의 크기가 모두 같으므로
(한 각의 크기) = (모든 각의 크기의 합) ÷ (각의 수)
= 1080° ÷ 8 = 135° **답** __135°__

1 두 도형에 그을 수 있는 대각선 수의 합을 구하세요.

문제읽고
❶ 무엇을 구하는 문제인가요? 구하는 것에 밑줄 치세요.
❷ 대각선은 무엇인가요? 알맞은 말에 ○표 하세요.
   다각형에서 서로 (이웃하는 · (이웃하지 않는)) 두 꼭짓점을 이은 선분

풀이쓰고
❸ 도형에 대각선을 긋고, 각각의 대각선의 수를 구하세요.

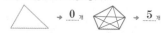

→ __0__ 개   → __5__ 개

❹ 대각선 수의 합을 구하세요.
   (대각선 수의 합) = __0__ (⊕·-) __5__ = __5__ (개)

❺ 답을 쓰세요. 두 도형에 그을 수 있는 대각선 수의 합은 __5개__ 입니다.

---

2 (사각형)과(육각형)에 그을 수 있는 대각선 수의 차를 구하세요.

❷

문제읽고
❶ 구하는 것에 밑줄 치고, 주어진 것에 ○표 하세요.

풀이쓰고
❷ 위의 두 도형에 대각선을 긋고, 각각의 대각선의 수를 구하세요.
   사각형에 그을 수 있는 대각선은 __2__ 개이고,
   육각형에 그을 수 있는 대각선은 __9__ 개입니다.
❸ 대각선 수의 차를 구하세요.
   (대각선 수의 차) = __9__ (+⊖) __2__ = __7__ (개)
❹ 답을 쓰세요. 두 도형에 그을 수 있는 대각선 수의 차는 __7개__ 입니다.

---

3 사각형 ㄱㄴㄷㄹ은(정사각형)입니다.
선분 ㄱㄷ의 길이를 구하세요.

문제읽고
❶ 구하는 것에 밑줄 치고, 주어진 것에 ○표 하세요.
❷ 위의 그림에 선분 ㄱㄷ을 표시하세요.

풀이쓰고
❸ 정사각형의 한 대각선은 다른 대각선을 똑같이 둘로 나누므로
   (선분 ㄴㄹ) = (선분 ㄴㄷ) × __2__ = __8 × 2__ = __16__ (cm)
❹ 선분 ㄱㄷ의 길이를 구하세요.
   정사각형의 두 대각선의 길이는 서로 ((같으므로)·다르므로)
   (선분 ㄱㄷ) = (선분 ㄴㄹ) = __16__ cm
❺ 답을 쓰세요. 선분 ㄱㄷ의 길이는 __16 cm__ 입니다.

---

4 사각형 ㄱㄴㄷㄹ은(직사각형)입니다.
선분 ㄴㄷ의 길이를 구하세요.

❷

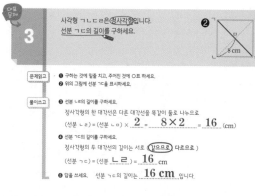

문제읽고
❶ 구하는 것에 밑줄 치고, 주어진 것에 ○표 하세요.
❷ 위의 그림에 선분 ㄴㅁ을 표시하세요.

풀이쓰고
❸ 선분 ㄴㄹ의 길이를 구하세요.
   직사각형의 두 대각선의 길이는 서로 ((같으므로)·다르므로)
   (선분 ㄴㄹ) = (선분 ㄱㄷ) = __10__ cm
❹ 선분 ㄴㅁ의 길이를 구하세요.
   직사각형의 한 대각선은 다른 대각선을 똑같이 둘로 나누므로
   (선분 ㄴㅁ) = (선분 ㄴㄹ) ÷ __2__ = __10 ÷ 2__ = __5__ (cm)
❺ 답을 쓰세요. 선분 ㄴㅁ의 길이는 __5 cm__ 입니다.

문장제 실력쌓기 2

1 두 도형에 그을 수 있는 대각선은 모두 몇 개일까요?

❶

문제읽기 CHECK
☐ 구하는 것에 밑줄!
☐ 대각선은?
   서로 이웃하지 않는
   __꼭짓점__을 이은
   선분

풀이
❶ 위의 두 도형에 대각선을 그어 보세요.
❷ 두 도형에 그을 수 있는 대각선의 수를 구하세요.
   사각형에 그을 수 있는 대각선은 __2__ 개이고,
   오각형에 그을 수 있는 대각선은 __5__ 개이므로
   두 도형에 그을 수 있는 대각선은 모두
   __2+5__ = __7__ (개)입니다.

답 __7개__

---

2 사각형 ㄱㄴㄷㄹ은(직사각형)입니다.
선분 ㄱㅁ의 길이를 구하세요.

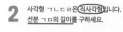

문제읽기 CHECK
☐ 구하는 것에 밑줄,
   주어진 것에 ○표!
☐ 왼쪽 그림에 선분 ㄱㅁ을
   표시
☐ 도형은? __직사각형__
☐ 선분ㄴㄹ의 길이는? __12__ cm

풀이 직사각형의 두 대각선의 길이는 __서로 같으므로__
   (선분 ㄱㄷ) = (선분 __ㄴㄹ__) = __12__ cm
   직사각형의 한 대각선은 다른 대각선을
   __똑같이 둘로 나누므로__
   (선분 ㄱㅁ) = __12 ÷ 2__ = __6__ (cm)

답 __6 cm__

---

3 사각형 ㄱㄴㄷㄹ은(평행사변형)입니다. 두 대각선의 길이의 합을 구하세요.

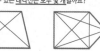

문제읽기 CHECK
☐ 구하는 것에 밑줄,
   주어진 것에 ○표!
☐ 도형요?
   __평행사변형__
☐ 선분 ㄱㅁ의 길이는?
   __4__ cm
☐ 선분 ㄴㅁ의 길이는?
   __7__ cm

풀이 ❶ 두 대각선의 길이를 각각 구하세요.
   평행사변형의 한 대각선은 다른 대각선을 똑같이
   둘로 나누므로
   (선분 ㄱㄷ) = (선분 ㄱㅁ) × 2 = 4 × 2 = 8 (cm)
   (선분 ㄴㄹ) = (선분 ㄴㅁ) × 2 = 7 × 2 = 14 (cm)
   ❷ 두 대각선의 길이의 합을 구하세요.
   (두 대각선의 길이의 합) = 8 + 14 = 22 (cm)

답 __22 cm__

---

4 다음을 모두 만족하는 도형에 그을 수 있는 대각선은 모두 몇 개일까요?

• (선분)으로 둘러싸인 도형입니다.
• (변이 6개)이고 길이가 (모두 같습니다.)
• (각)의 크기가(모두 같습니다.)

문제읽기 CHECK
☐ 구하는 것에 밑줄,
   주어진 것에 ○표!
☐ 변의 수는? __6__ 개
☐ 변의 길이는?
   모두 (같다·다르다).
☐ 각의 크기는?
   모두 (같다·다르다).

풀이 변이 6개인 다각형은 육각형이고,
   변의 길이와 각의 크기가
   모두 같으므로 정육각형입니다.
   정육각형에 그을 수 있는 대각선은
   모두 9개입니다.

답 __9개__

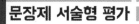

26 DAY 문장제 서술형 평가

월 일

1 답 ❶ 도형은 정다각형이 아닙니다.

이유 ❷ 예 변의 길이는 모두 같지만 각의 크기가 모두 같지 않기 때문에 정다각형이라고 할 수 없습니다.

채점기준

❶ 주어진 도형이 정다각형인지 아닌지 쓰면	2점
❷ 그렇게 생각한 이유를 쓰면	3점
	5점

참고 정다각형은 변의 길이가 모두 같고, 각의 크기가 모두 같습니다.

2 풀이 ❶ 정십각형은 변이 10개이고, 변의 길이가 모두 같습니다.
(모든 변의 길이의 합)=(한 변의 길이)×(변의 수)
=7×10
❷=70 (cm)

답 **70 cm**

채점기준

❶ 식을 세우면	3점
❷ 모든 변의 길이의 합을 구하면	2점
	5점

참고 (정★각형의 모든 변의 길이의 합)
=(정★각형의 한 변의 길이)×★

3 풀이 ❶ 정오각형은 변이 5개이고, 변의 길이가 모두 같습니다.
(한 변의 길이)=(모든 변의 길이의 합)÷(변의 수)
=40÷5
❷=8 (cm)

답 **8 cm**

채점기준

❶ 식을 세우면	3점
❷ 정오각형의 한 변의 길이를 구하면	2점
	5점

참고 (정★각형의 한 변의 길이)
=(정★각형의 모든 변의 길이의 합)÷★

4 풀이 ❶ 도형에 그을 수 있는 대각선의 수는
가 : 2개, 나 : 14개, 다 : 0개입니다.
가 나 다

❷ 대각선의 수가 많은 것부터 순서대로 기호를 쓰면
나, 가, 다입니다.

답 **나, 가, 다**

채점기준

❶ 가, 나, 다의 대각선 수를 각각 구하면	각 1점
❷ 대각선의 수가 많은 것부터 순서대로 기호를 쓰면	2점
	5점

다른 풀이 꼭짓점이 많을수록 대각선을 많이 그을 수 있으므로 꼭짓점이 많은 도형부터 순서대로 기호를 쓰면 나, 가, 다입니다.

5 풀이 ❶ 5개의 선분으로 둘러싸인 다각형은 오각형입니다.
❷ 오각형에 그을 수 있는 대각선은 5개입니다.

답 **5개**

채점기준

❶ 5개의 선분으로 둘러싸인 다각형을 구하면	3점
❷ ❶에서 구한 다각형의 대각선 수를 구하면	3점
	6점

참고 ★각형의 한 꼭짓점에서 그을 수 있는 대각선은 (★−3)개입니다.

6 풀이 ❶ 마름모의 한 대각선은 다른 대각선을 똑같이 둘로 나누므로
(선분 ㄱㄷ)=(선분 ㄱㅁ)×2=3×2=6 (cm),
(선분 ㄴㄹ)=(선분 ㅁㄹ)×2=4×2=8 (cm)입니다.
❷ 따라서 두 대각선의 길이의 차는 8−6=2 (cm)입니다.

답 **2 cm**

채점기준

❶ 두 대각선의 길이를 각각 구하면	각 2점
❷ 두 대각선의 길이의 차를 구하면	2점
	6점

주의 두 대각선의 길이를 구한 다음, 두 대각선의 길이의 차를 구하여 답해야 합니다.

26 DAY

7 풀이 ❶ 정오각형은 삼각형 3개로 나눌 수 있고,
삼각형의 세 각의 크기의 합은 180°이므로
(정오각형의 모든 각의 합)
＝(삼각형의 세 각의 크기의 합)×(삼각형의 수)
＝180°×3＝540°
❷ 정오각형은 다섯 각의 크기가 모두 같으므로
(한 각의 크기)＝540°÷5＝108°

답 108°

채점기준

❶ 정오각형의 모든 각의 크기의 합을 구하면	4점
❷ 정오각형의 한 각의 크기를 구하면	4점
	8점

8 풀이 ❶ 정팔각형은 변이 8개이고, 변의 길이가 모두 같으므로
(정팔각형의 모든 변의 길이의 합)＝3×8＝24 (cm)
❷ 정육각형은 변이 6개이므로
(정육각형의 한 변의 길이)＝24÷6＝4 (cm)

답 4 cm

채점기준

❶ 정팔각형의 모든 변의 길이의 합을 구하면	4점
❷ 정육각형의 한 변의 길이를 구하면	4점
	8점

조각을 맞추어요

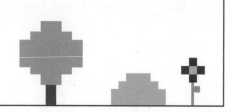

기적의
수학
문장제

오늘도 한 뼘 자랐습니다